煤层气排采技术

王　喆　徐进学　主编

石油工业出版社

图书在版编目（CIP）数据

煤层气排采技术 / 王喆，徐进学主编 .
北京：石油工业出版社，2013.12
ISBN 978-7-5021-9889-3

Ⅰ．煤…
Ⅱ．①王…②徐…
Ⅲ．煤层－地下气化煤气－油气开采－研究
Ⅳ．P618.11

中国版本图书馆 CIP 数据核字（2013）第 278558 号

出版发行：石油工业出版社
（北京安定门外安华里 2 区 1 号　100011）
网　址：http://pip.cnpc.com.cn
编辑部：（010）64523582　发行部：（010）64523620
经　　销：全国新华书店
印　　刷：北京中石油彩色印刷有限责任公司

2013 年 12 月第 1 版　2013 年 12 月第 1 次印刷
787×960 毫米　开本：1/16　印张：12.75
字数：240 千字

定价：68.00 元
（如出现印装质量问题，我社发行部负责调换）

编 委 会

主　　编：王　喆　徐进学

副 主 编：江云涛　张会森　王朝辉　王维珍

编写人员：王朝辉　张会森　温　莎　潘　婕

王淑娟　谢梦华　张靓霞　杨丽萍

徐亚妮　赵惠琴　邵　静　文淑英

李宝琴　冯建华　徐大宁

审　　稿：侯　伟

前　言

我国不仅有丰富的煤炭资源，而且蕴藏着极为丰富的煤层气资源。全国陆上埋深小于2000m范围内煤层气资源量达$38\times10^{12}m^3$，与常规天然气资源量相当，位居世界第三。煤层气的开发不仅能有效降低矿井瓦斯含量、防止瓦斯爆炸事故的发生，而且对减少温室气体排放和缓解天然气能源需求具有重大意义。因此，煤层气的开发和利用具有巨大的经济和社会效益。

我国煤层气产业发展迅速，逐步走向规模化商业开发。为了帮助现场操作人员准确、系统地掌握煤层气开采的理论知识以及相关技术和操作，专门编写了本书。本书在编写时参考了大量的文献和技术资料，结合煤层气开采已有经验和技术，力求联系实际，增加现场的实用性，是该领域的知识积累、经验总结和创新结晶。

本书共分九章。内容包括煤层气开采地质理论基础、煤层气钻井工艺、煤层气排采工艺、煤层气井增产技术、煤层气矿场集输系统、煤层气地面工程主要设备、煤层气井生产管理、煤层气井测量仪表及测试、煤层气排采安全知识，系统地介绍了煤层气排采过程中涉及的理论、技术、方法等诸多基础性、关键性问题。

本书由长庆培训中心组织编写，中石油煤层气有限责任公司组织审稿，王喆、徐进学任主编，江云涛、张会森、王朝辉、王维珍任副主编。第一章由王喆、徐进学、温莎、邵静、文淑英、冯建华和李宝琴编写，第二章由潘婕编写，第三章、第六章由王朝辉编写，第四章由王淑娟、徐大宁编写，第五章由王淑娟、杨丽萍、徐亚妮编写，第七章由谢梦华编写，第八章由赵惠琴编写，第九章由张靓霞编写。本书最终由张会森统稿，侯伟核稿。

由于编者水平有限，书中难免存在疏漏和不足之处，恳请读者批评指正。

编　者

2013年7月

前　言

目　　录

第一章　煤层气开采地质理论基础

煤层气俗称“瓦斯”，其主要成分是CH_4（甲烷），是煤层中以吸附在煤基质颗粒表面为主、部分游离于煤孔隙中或溶解于煤层水中的烃类气体，是煤的伴生矿产资源，属非常规天然气，是近十几年在国际上崛起的洁净、优质能源和化工原料。

煤层气空气浓度达到5%～16%时，遇明火就会爆炸，这是煤矿瓦斯爆炸事故的根源。煤层气直接排放到大气中，其温室效应约为二氧化碳的21倍，对生态环境破坏性极强。在采煤之前如果先开采煤层气，煤矿瓦斯爆炸率将降低70%～85%。煤层气的开发利用具有一举多得的功效：提高瓦斯爆炸事故防范水平，具有安全效应；有效减排温室气体，产生良好的环境效应；作为一种高效、洁净能源，商业化能产生巨大的经济效益。

在国际能源局势趋紧的情况下，作为一种优质高效清洁能源，煤层气的大规模开发利用前景诱人。可以把煤层气开采出来，作为发电燃料、工业燃料和居民生活燃料；还可液化成汽车燃料，也可广泛用于生产合成氨、甲醛、甲醇、炭黑等方面，成为一种热值高的洁净能源和重要原料，市场前景十分广阔。

第一节　矿物岩石的概念

矿物是指地壳中的化学元素，在各种地质作用下形成的，具有一定化学成分和物理化学性质，并具有较均一的内部构造的自然物质。

岩石是在各种地质作用下由一种或多种矿物按一定规律形成的固态的自然集合体。

根据岩石的成因可将组成地壳的岩石分为岩浆岩、沉积岩和变质岩三大类。其中岩浆岩（包括变质的岩浆岩）约占地壳体积的95%，主要分布于地壳较深处，在地壳表面分布面积仅占25%。沉积岩（包括变质的沉积岩）虽只占地壳体积的5%，但分布面积很广，呈薄薄的一层分布在地壳的上部，其平面分布范围占地壳表面覆盖面积的75%。

世界上已发现的石油和天然气有99%以上都储集在沉积岩中，只有1%以下储集在岩浆岩和变质岩中，因此，了解沉积岩有重要的意义。

沉积岩是早期形成的岩石，经过物理、化学的破坏作用，在地质营力的作用下，在地表沉积下来而形成的岩石。世界资源总储量的75%～85%是沉积和沉积变质成因的。石油、天然气、煤、油页岩等可燃有机矿产以及盐类矿产，几乎全是沉积而成。

第二节　地层与地质时代

一、概念

地层是指某一地质历史时期沉积保存下来的一套岩层。研究地层一方面可以了解地壳发展历史，另一方面可以探索各类矿产的形成和分布规律，指导找矿。地球在形成与发展的每一阶段，其表面都有一套相应的地层形成。正常情况下总是年龄越新的地层在年龄越老的地层之上。在对地壳的研究中人们按一定原则将地层分成许多层段，并且为每一层段都取了一个名称。

地质时代是指地质历史时期年代顺序及其延续的年龄值，包括建立地质年代系统的相对地质年代和用同位素年龄测定得出的具有年龄数据的同位素年代。

二、地质时代单位与地层单位

地质时代单位是地质时期中的时间划分单位，又称“地质时间单位”，简称“时间单位”。主要根据生物演化的阶段性、不可逆性和统一性，把地质年代按级别大小划分为宙、代、纪、世、期、时等若干时间单位。宙、代、纪、世是国际性的地质时间单位，期是大区域性的地质时间单位，时是一个地方性的时间单位。

根据地层所具有的特征或属性的差异，把单独一个地层或若干有关地层划分出来，看作一个地层体，这就是一个地层的单位。因此，地层有多少种属性，就可以划分出多少种地层单位。常用的地层单位有三类：岩石地层单位、生物地层单位和年代地层单位。

在不大的范围内，相同时代的沉积岩层的形成条件是近似的，因此，沉积岩层的成分、颜色、结构和构造方面有很多相似之处。我们就利用这些相似或是相同的特点，进行地层对比和划分，以确定地层的新老。但在广大的面积上，这一方法是有缺陷的，因为同一时代不同地区，可能有不同的沉积环境，而不同时代的岩层可能有相同的沉积环境。距离远了，沉积环境发生了变化，岩石性质也就有了不同，对比时往往会发生错误。

岩石地层单位是根据地层岩性和地层接触关系来划分的，适用范围比较小，是地方性的地层单位。它不考虑岩层的地质时代，按级别大小分为群、组、段、层。

生物地层单位是根据地层中所含古生物化石的内容和保存特征划分的地层单位，按级别大小分为组合带、延限带、顶峰带。

年代地层单位是根据地层形成时间和生物的发展演化阶段来划分的，适用范围较大，是国际性的或全国性和大区域性的单位，通称为时间地层单位。同一年代形成的地层，不论其性质异同，即归入同一单位中。年代地层单位按级别大小分为宇、界、系、统、阶、时间带。宇、界、系、统是国际通用地层单位，阶是全国性和大区域性的地层单位，时间带是年代地层单位中最小的地层单位，它代表一个时的地质年代单位内形成的地层（表 1.1）。

表 1.1　中国区域年代地层（地质年代）表

宇（宙）	界（代）	系（纪）	统（世）	阶（期）		Ma
显生宇（宙）PH	新生界（代）Cz	第四系（纪）Q	全新统（世）Qh			0.01
			更新统（世）Qp			2.60
		新近系（纪）N	上新统（世）N_2			5.3
			中新统（世）N_1			23.3
		古近系（纪）E	渐新统（世）E_3			32
			始新统（世）E_2			56.5
			古新统（世）E_1			65
	中生界（代）Mz	白垩系（纪）K	上（晚）白垩统（世）K_2			96
			下（早）白垩统（世）K_1			137
		侏罗系（纪）J	上（晚）侏罗统（世）J_3			
			中侏罗统（世）J_2			
			下（早）侏罗统（世）J_1			205
		三叠系（纪）T	上（晚）三叠统（世）T_3	土隆阶（期）T_3^2		
				亚智梁阶（期）T_3^1		227
			中三叠统（世）T_2	待建		
				青岩阶（期）T_2^1		241
			下（早）三叠统（世）T_1	巢湖阶（期）T_1^2		
				殷坑阶（期）T_1^1		250
	古生界（代）Pz	二叠系（纪）P	上（晚）二叠统（世）P_3	长兴阶（期）P_3^2	煤山亚阶（亚期）	
					葆青亚阶（亚期）	

续表

宇（宙）	界（代）	系（纪）	统（世）	阶（期）		Ma
显生宇（宙）PH	古生界（代）Pz	二叠系（纪）P	上（晚）二叠统（世）P_3	吴家坪阶（期）P_3^1	老山亚阶（亚期）	
					来宾亚阶（亚期）	257
			中二叠统（世）P_2	冷坞阶（期）P_2^4		
				茅口阶（期）P_2^3		
				祥播阶（期）P_2^2		
				栖霞阶（期）P_2^1		277
			下（早）二叠统（世）P_1	隆林阶（期）P_1^2		
				紫松阶（期）P_1^1		295
		石炭系（纪）C	上（晚）石炭统（世）C_2	逍遥阶（期）C_2^4		
				达拉阶（期）C_2^3		
				滑石板阶（期）C_2^2		
				罗苏阶（期）C_2^1		320
			下（早）石炭统（世）C_1	德坞阶（期）C_1^3		
				大塘阶（期）C_1^2		
				岩关阶（期）C_1^1		354
		泥盆系（纪）D	上（晚）泥盆统（世）D_3	邵东阶（期）D_3^4		
				待建		
				锡矿山阶（期）D_3^2		
				佘田桥阶（期）D_3^1		372
			中泥盆统（世）D_2	东岗岭阶（期）D_2^2		
				应堂阶（期）D_2^1		386
			下（早）泥盆统（世）D_1	四排阶（期）D_1^4		
				郁江阶（期）D_1^3		
				那高岭阶（期）D_1^2		
				待建		410
		志留系（纪）S	顶（末）志留统（世）S_4			
			上（晚）志留统（世）S_3			
			中志留统（世）S_2			
				安康阶（期）S_2^1		

续表

宇（宙）	界（代）	系（纪）	统（世）	阶（期）		Ma
显生宇（宙）PH	古生界（代）Pz	志留系（纪）S	下（早）志留统（世）S_1	紫阳阶（期）S_1^3	南塔梁亚阶（亚期）	
					马蹄湾亚阶（亚期）	
				大中坝阶（期）S_1^2		
				龙马溪阶（期）S_1^1		438
		奥陶系（纪）O	上（晚）奥陶统（世）O_3	钱塘江阶（期）O_3^2		
				艾家山阶（期）O_3^1		
			中奥陶统（世）O_2	达瑞威尔阶（期）O_2^2		
				大湾阶（期）O_2^1		
			下（早）奥陶统（世）O_1	道保湾阶（期）O_1^2		
				新厂阶（期）O_1^1		490
		寒武系（纪）Є	上（晚）寒武统（世）Є$_3$	凤山阶（期）Є$_3^3$		
				长山阶（期）Є$_3^2$		
				崮山阶（期）Є$_3^1$		500
			中寒武统（世）Є$_2$	张夏阶（期）Є$_2^3$		
				徐庄阶（期）Є$_2^2$		
				毛庄阶（期）Є$_2^1$		513
			下（早）寒武统（世）Є$_1$	龙王庙阶（期）Є$_1^4$		
				沧浪铺阶（期）Є$_1^3$		
				筇竹寺阶（期）Є$_1^2$		
				梅树村阶（期）Є$_1^1$		543
元古宇（宙）PT	新元古界（代）Pt_3	震旦系（纪）Z	上（晚）震旦统（世）Z_2	灯影峡阶（期）Z_2^1		630
			下（早）震旦统（世）Z_1	陡山沱阶（期）Z_1^1		680
		南华系（纪）Nh	上（晚）南华统（世）Nh_2			
			下（早）南华统（世）Nh_1			800
		青白口系（纪）Qb	上（晚）青白口统（世）Qb_2			900
			下（早）青白口统（世）Qb_1			

续表

宇（宙）	界（代）	系（纪）	统（世）	阶（期）	Ma
元古宇（宙）PT	中元古界（代）Pt_2	蓟县系（纪）Jx	上（晚）蓟县统（世）Jx_2		1000 1200
			下（早）蓟县统（世）Jx_1		1400
		长城系（纪）Ch	上（晚）长城统（世）Ch_2		1600
			下（早）长城统（世）Ch_1		1800
	古元古界（代）Pt_1	滹沱系（纪）Ht			2300
					2500
太古宇（宙）AR	新太古界（代）Ar_3				2800
	中太古界（代）Ar_2				3200
	古太古界（代）Ar_1				3600
	始太古界（代）Ar_0				

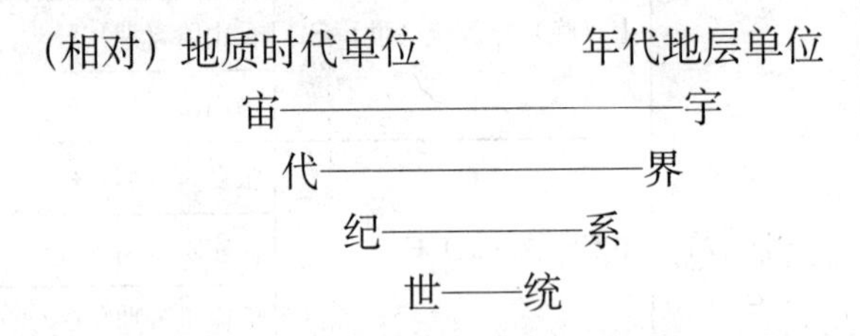

三、鄂尔多斯盆地东南部（韩城开发区）地层特征与煤层特征

1. 地层特征

韩城地区的地层从下到上依次为奥陶系下统马家沟组；石炭系上统本溪组；二叠系下统太原组、山西组，二叠系上统石盒子组、石千峰组；三叠系下统刘家沟组；第四系（表 1.2）。

表 1.2　韩城煤层气田区域地层简表

地层系统			主要岩性
系	统	组	
第四系 Q			黄土层
三叠系 T	下统 T_1	刘家沟组 T_1l	紫红、紫灰色细砂岩与同色泥岩、粉砂质泥岩互层

续表

地层系统			主要岩性
系	统	组	
二叠系 P	上统 P_3	石千峰组 P_3s	底部以一层厚达 30 ~ 50m 的灰白色、灰绿色河床相中粗粒砂岩，与上石盒子组为界
		石盒子组 P_3sh	上石盒子组底部为一层 10m 厚的灰白色厚层状中粗粒砂岩，是典型的河床相沉积； 下石盒子组底部以一层浅灰色中粗粒砂岩与山西组为界，是典型的河床相沉积
	下统 P_1	山西组 P_1s	底部以灰色中厚—厚层状中细粒结构（局部有粗粒）石英砂岩为主
		太原组 P_1t	该组底部为灰白色石英砂岩
石炭系 C	上统 C_2	本溪组 C_2b	底部为浅灰色铝质泥岩（K_1 标志层），含大量铁质结核及石灰岩块体，向上变为灰色石英砾岩
奥陶系 O	下统 O_1	马家沟组 O_1 m	上马家沟组上部以白云岩为主； 下马家沟组为中厚层状白云质灰岩、泥灰岩

2. 煤层特征

韩城地区主要含煤地层由二叠系的太原组和山西组组成（图 1.1），平均厚

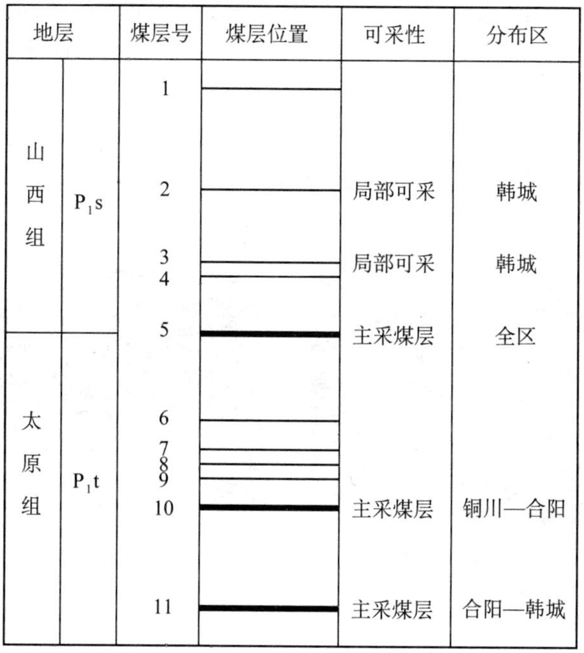

地层		煤层号	煤层位置	可采性	分布区
山西组	P_1s	1			
		2		局部可采	韩城
		3		局部可采	韩城
		4			
		5		主采煤层	全区
太原组	P_1t	6			
		7			
		8			
		9			
		10		主采煤层	铜川—合阳
		11		主采煤层	合阳—韩城

图 1.1　韩城地区山西、太原组煤层赋存位置图

105m，共含煤 13 层，煤层总厚度 12.0m，总含煤系数 11.4%，其中可采及局部可采煤层 3 层。

从含煤性看，太原组好于山西组。太原组含煤系数普遍高于 10%，山西组普遍低于 5%，并且从东向西南含煤系数依次降低，与山西组煤层只在韩城地区局部可采的分布状况一致。

山西、太原组煤层的显微组分较相近，镜质组含量很高，一般大于 90%，丝质组含量低，一般小于 10%。

第三节　地 质 构 造

地质构造是指地质体本身所具有的形态特征，它是由于地壳运动形成的。地质构造按其表现形式分为褶皱构造和断裂构造。

一、褶皱构造

指水平岩层在地壳运动过程中构造应力的作用下，形成波状弯曲但未丧失其连续完整性的构造，按其形态可分为背斜构造和向斜构造。

1. 背斜构造

背斜构造指岩层向上拱起，核部是较老的地层，两翼由较新的地层组成，两翼新岩层对称重复出现在较老的岩层两侧，且地层产状相背倾斜，如图 1.2 所示。

2. 向斜构造

向斜构造指岩层向下弯曲，核部是较新的地层，两翼由较老的地层组成，两翼老岩层对称重复出现在较新的岩层两侧且地层产状相向倾斜，如图 1.3 所示。

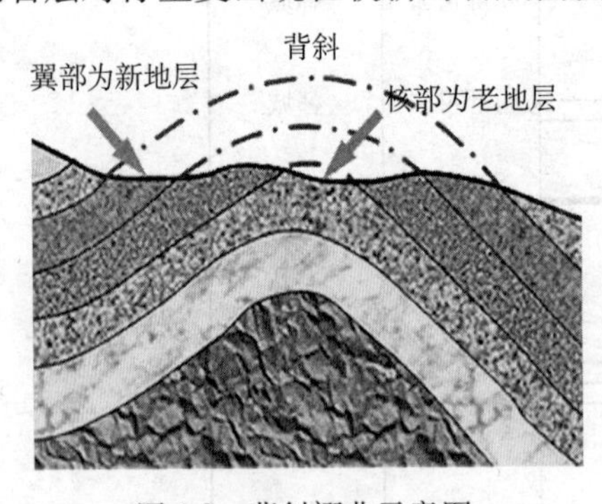

图 1.2　背斜褶曲示意图

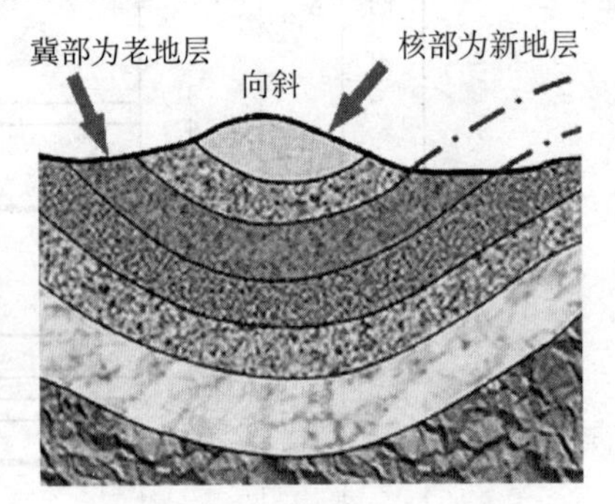

图 1.3　向斜褶曲示意图

二、断裂构造

断裂构造指岩层受力超过岩石的强度后，岩石的连续性遭受破坏而断开或错动形成的地质构造。根据断裂面两侧有无发生明显位移将断裂构造分为裂缝和断层两类，无发生明显位移的断裂构造称裂缝，发生了明显位移的断裂构造称为断层。

根据断层两盘相对位移的形态可将断层分为正断层、逆断层和平移断层三种类型。

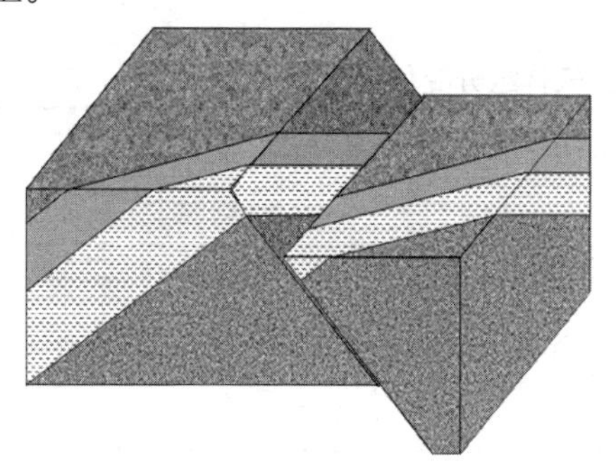

图 1.4　正断层

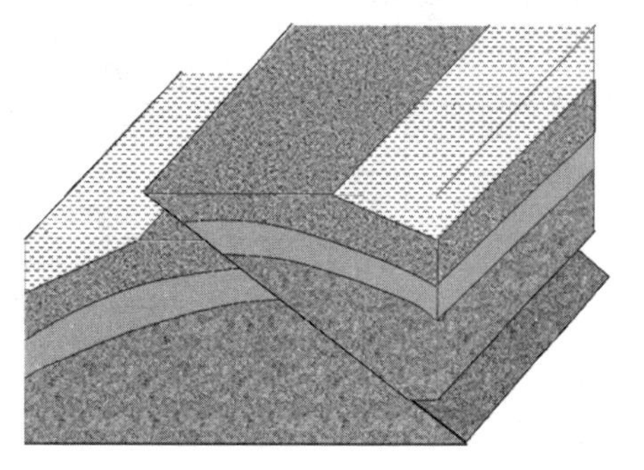

图 1.5　逆断层

（1）正断层，指断层上盘相对下盘沿断层面向下滑动的断层，如图 1.4 所示。正断层产状一般较陡，多在 45° 以上，以 60° 左右者比较常见。

（2）逆断层，指断层上盘相对下盘沿断层面向上滑动的断层，如图 1.5 所示。根据断层倾角大小而分为高角度逆断层和低角度逆断层。

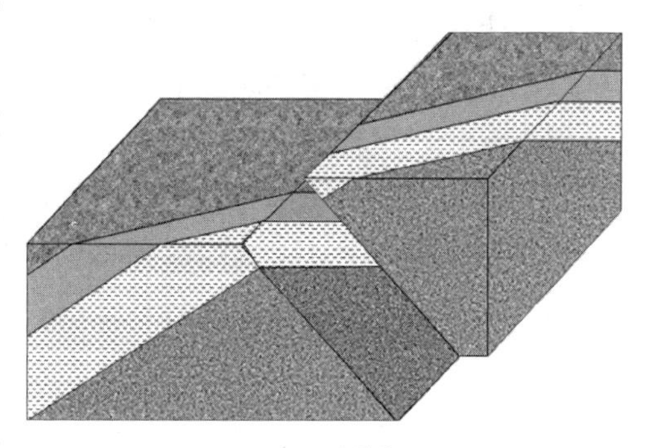

图 1.6　平移断层

（3）平移断层，指断层两盘顺断层面走向相对移动的断层，如图 1.6 所示。平移断层的上下盘没有发生垂向移动而是两盘沿水平或近于水平方向移动。

第四节　煤层气的化学组成、性质和利用

一、煤层气的化学组成

煤层气的化学组分有烃类气体（甲烷及其同系物）、非烃类气体（二氧化碳、氮气、氢气、一氧化碳、硫化氢以及稀有气体氦、氩等）。其中，甲烷、二氧化碳、氮气是煤层气的主要成分，尤以甲烷含量最高，二氧化碳和氮气含量较低，一氧化碳和稀有气体含量甚微。煤层气是以吸附状态储存于煤层内及其围岩中的

非常规天然气。煤层气的成分各个区块是不同的，主要与各区块煤层气生成的地质条件以及构造运动有关，也与煤岩成分、煤级和气体运移有关。但总的来说主要成分是甲烷（占93%～97%）、水蒸气、机械杂质、二氧化碳和氮（表1.3）。从煤层气里还可能检测到微量乙烷、丙烷、丁烷、戊烷、氢、一氧化碳、二氧化硫、硫化氢以及氦、氖、氩、氪、氙等成分。

表1.3 沁水盆地不同类型气样组分变化对比表

气样类型	气体组分变化范围，%				
	CH_4	C_2H_6	CO_2	N_2	非烃
钻井排采气	98.16～99.55	0.007～0.029	0.02～0.29	0.92～1.63	微量
钻井煤心解吸气	83.47～99.43	—	0.12～2.10	0～15.88	微量
矿井煤岩解吸气	66.35～99.85	0.01～0.47	0.02～0.38	4.63～30.87	微量

控制煤层气成分的主要因素有：

(1) 煤的显微组分，特别是富氢组分的丰度；

(2) 储层压力，它影响煤的吸附能力；

(3) 煤化作用程度，即煤阶 / 煤级；

(4) 煤层气解吸阶段，吸附性弱或浓度高的组分先解吸；

(5) 水文地质条件，它通过输送细菌及生物成因的气体而影响煤层气的成分。

二、煤层气的物理性质

1. 煤层气的密度

密度，指标准状态下（1atm，温度15.55℃）单位体积煤层气的重量，单位为kg/m^3。煤层气在地下的密度随分子量及压力的增大而增大，随温度的升高而减小。

相对密度，指相同温度、压力条件下（1atm，温度15.55℃或20℃）煤层气的密度与空气密度的比值。

2. 煤层气的黏度

黏度是流体运动时，其内部质点沿接触面相对运动，产生内摩擦力以阻抗流体变形的性质。常用动力黏度系数，即流体内摩擦切应力与切应变率的比值来表示，其单位为帕斯卡秒（Pa · s）。煤层气的黏度很小，在地表常压20℃时，甲烷的动力黏度系数为1.08×10^{-5}mPa · s。表示黏度的参数还有运动黏度系数（即动力黏度与密度的比值，单位为m^2/s）。煤层气的黏度与气体的组成、温度、压力等条件有关，在正常压力下，黏度随温度的升高而变大（这与分子运动加速，气体分子碰撞次数增加有关），随分子量的增大而变小。在较高压力下，煤层气的黏度随压力增加而增大，随温度的升高而减小，随分子量的增大而增大。

3. 煤层气的临界点

（1）临界温度，指气相纯物质维持液相的最高温度，高于这一温度，气体即不能用简单升高压力的办法（不降低温度）使之转化为液体。甲烷的临界温度为−82.57℃。

（2）临界压力，指气、液两相共存的最高压力，即在临界温度时，气体凝析所需的压力。高于临界温度，无论压力多大，气体不会液化；高于临界压力，不管温度多少，液态和气态不能同时存在。只有当温度和压力均超过其临界温度和临界压力时，才称为超临界状态。

4. 煤层气的溶解度

煤层气能不同程度地溶解于煤储层的地下水中，不同的气体溶解度差别很大。20℃、1atm下单位体积水中溶解的气体体积称为溶解度（m^3/m^3），溶解度同气体压力的比值称为溶解系数（$m^3/m^3 \cdot atm$）。

四、煤层气的利用

煤层气与常规天然气一样可用于民用、发电、工业燃料、化工原料、驱动燃料、电池等。

第五节 煤及煤层气的成因

一、煤的成因

煤是由植物遗体经过生物化学作用和物理化学作用演变而成的沉积有机岩，属于化石能源。形成煤不仅仅需要大量的植物，还需要一定的地质条件。

1. 成煤条件

煤炭的生成，必须有气候、生物、地理、地质等条件的相互配合，才能生成具有工业利用价值的煤炭矿藏。这些条件包括：

（1）大量植物的持续繁殖（生物、气候的影响）；

（2）植物遗体不能完全腐烂，以及适合的堆积场所（沼泽、湖泊等）；

（3）地质作用的配合（地壳的升降运动形成上覆岩层和顶底板，进而形成多煤层）。

2. 成煤环境

发育在滨海平原、三角洲平原、冲积平原等不同沉积环境中的沼泽,其空间分布、水介质条件、植被类型和泥炭堆积持续时间等不同,所形成的泥炭层转变成煤后,无论是煤层厚度、含夹矸情况、煤体空间分布形态，还是煤的矿物质含量、煤岩类型等均有差异。

3. 成煤过程

由高等植物转化为腐殖煤要经历复杂而漫长的过程，一般需要几千万年到几亿年的时间。腐殖煤成煤作用可划分为泥炭化作用和煤化作用两个阶段。泥炭化作用指高等植物死亡后，在生物化学作用下变成泥炭的过程。煤化作用包括成岩作用和变质作用两个连续的过程。泥炭在沼泽中层层堆积，越积越厚，当地壳下降速度较大时，泥炭将被泥沙等沉积物覆盖。在上覆沉积物的压力作用下，泥炭发生了压紧、失水、胶体老化、固结等一系列变化，微生物的作用逐渐消失，取而代之的是缓慢的物理化学作用。这样，泥炭逐渐变成了较为致密的岩石状的褐煤。当褐煤层继续沉降到地壳较深处时，上覆岩层压力不断增大，地温不断增高，褐煤中的物理化学作用速度加快，煤的分子结构和组成产生了较大的变化。碳含量明显增加，氧含量迅速减少，腐殖酸也迅速减少并很快消失，褐煤逐渐转化成为烟煤。随着煤层沉降深度的加大，压力和温度提高，煤的分子结构继续变化，煤的性质也发生不断的变化，最终变成无烟煤。

4. 煤的成因类型

根据形成煤炭的物质基础划分煤炭的类型称为成因类型。煤的成因类型主要有腐殖煤、腐泥煤、残殖煤和腐殖腐泥煤。

（1）腐殖煤，由高等植物经过成煤过程中复杂的生化和地质变化作用生成。

（2）腐泥煤，主要由湖沼或浅水海湾中藻类等低等植物形成。储量大大低于腐殖煤，工业意义不大。

（3）残殖煤，由高等植物残骸中生物化学作用最稳定的组分（孢子、角质层、树皮、树脂）富集而成。

（4）腐殖腐泥煤，由高等植物、低等植物共同形成的煤。

二、煤层气的成因

植物体埋藏后，经过微生物的生物化学作用转化为泥炭（泥炭化作用阶段），泥炭又经历以物理化学作用为主的地质作用，向褐煤、烟煤和无烟煤转化（煤化作用阶段），在煤化作用过程中，成煤物质发生了复杂的物理化学变化，挥发分含量和水分含量减少，发热量和固定碳含量增加，同时也生成了以甲烷为主的气体。按成因可以分为生物成因气和热成因气，煤型气经过运移并聚集成为煤成气藏，仍然保存在煤层中的称为煤层气。

1. 生物成因气

生物成因气是有机质在微生物降解作用下的产物。指在相对低的温度（一般小于 50℃）条件下，通过细菌的参与或作用，在煤层中生成的以甲烷为主并含少量其他成分的气体。

2. 热成因气

随着煤层埋藏深度的继续增加和温度的上升，埋藏深度大于 4000m，温度超过 180℃，有机质裂解成较稳定的低分子碳氢化合物，部分尚未裂解的有机质直接裂解生成烃类气体。热降解作用形成的液态烃和重烃也发生裂解和重新组合，形成更为稳定的甲烷。

热成因甲烷的形成过程大致分三个阶段：

（1）褐煤至长焰煤阶段：生成的气量多，成分以 CO_2 为主，占 72% ~ 92%，烃类小于 20%。且以甲烷为主，重烃气小于 4%。

（2）长焰煤至焦煤阶段：烃类气体迅速增加，占 70% ~ 80%，CO_2 下降至 10% 左右。烃类气体以 CH_4 为主，但含较多的重烃，至肥、焦煤时重烃可占 10% ~ 20%，该阶段是主要的生油阶段，如壳质组含量多，则油和湿气含量也多。

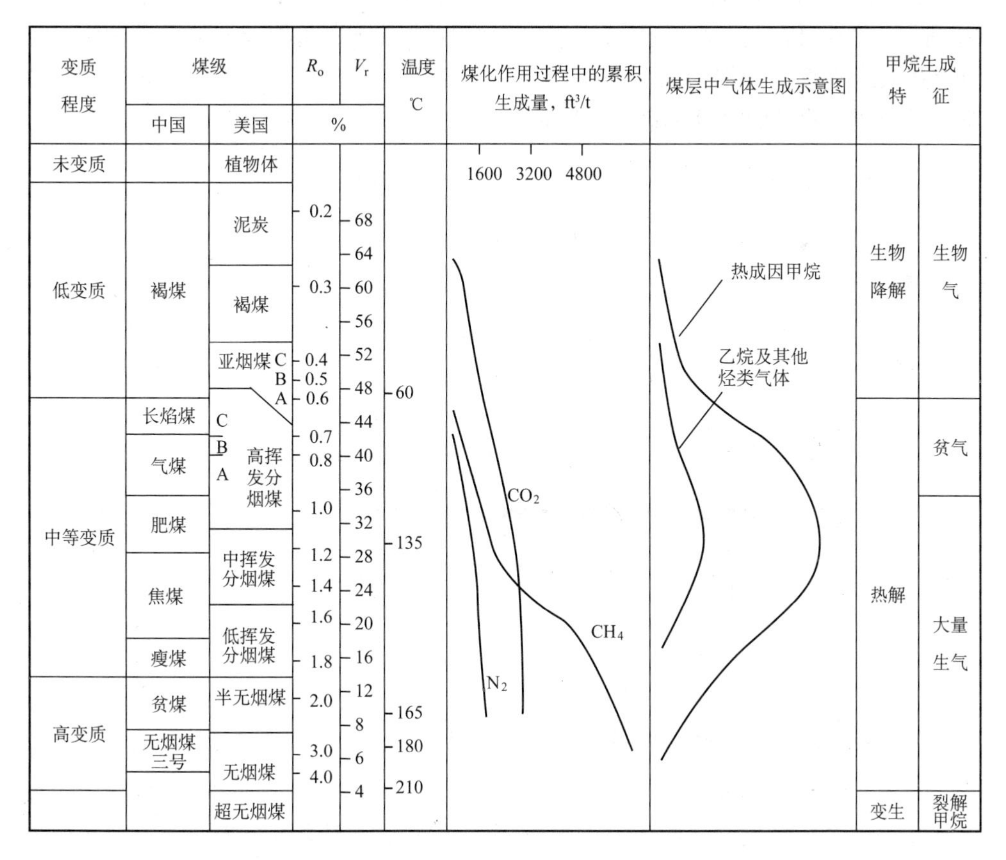

图 1.7　煤化作用各阶段的甲烷生成情况

(3) 瘦煤至无烟煤阶段：烃类气体占70%，其中CH_4占绝对优势（97%～99%），几乎没有重烃。

煤化作用阶段（即煤阶）和有机质性质不同，其产气量差异很大，如图1.7所示。煤阶高，产生的煤型气就多。据苏联资料，形成1t褐煤可产生38～68m^3煤型气，形成1t长焰煤可产生138～168m^3煤型气，气煤为182～212m^3/t，肥煤为199～230m^3/t，焦煤为240～270m^3/t，瘦煤为257～287m^3/t，贫煤为295～330m^3/t，无烟煤为346～422m^3/t。

第六节　煤储层的孔隙特征

煤储层孔隙物性特征，即煤岩总孔隙度、割理孔隙度、微孔隙度、孔隙体积压缩率、煤岩渗透率、孔隙结构特征等，对煤层气储层评价具有重要意义。

割理是指煤中的自然裂隙（图1.8）。19世纪后期英国采矿界称煤中裂隙为“割理”，此术语在英、美等国被广为使用。割理可分为面割理和端割理两组，它们相互大致垂直，并都与煤层层面正交或陡角相交。面割理是延伸较长的主要割理，端割理延伸受面割理的制约，割理渗透性具有明显的各向异性。

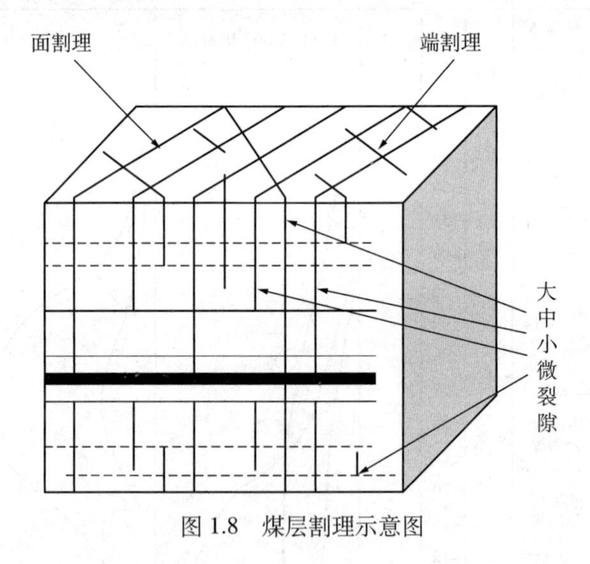

图1.8　煤层割理示意图

一、基质孔隙、割理孔隙及其孔隙度的概念

基质孔隙和割理孔隙构成煤储层的双重孔隙介质结构。基质孔隙发育于煤的基质块体之中，是煤层气吸附存在的场所，按其孔径不同可分为：大孔、过渡孔和微孔隙。中变质烟煤中过渡孔隙和微孔隙占80%左右。割理孔隙指煤化作用

过程形成的微裂隙，是流体运移产出的通道，按其延伸长度不同分为面割理和端割理。

煤的基质孔隙度和割理孔隙度均不能用常规孔隙度仪直接测定。割理孔隙度，一方面随围压增加有降低的趋势，另一方面随孔隙压力降低，气体解吸引起的基质收缩，又有增加的趋势。关于煤的割理孔隙度的测定，通过分析实验室条件下，水饱和与气驱水过程基质孔隙的毛管力和润湿性，结合国外学者对气驱水条件下割理内是否有残余水所做的实验分析，综合认为通过气驱水法测定割理孔隙度是唯一可行的方法。基质孔隙度只能由总孔隙度和割理孔隙度间接求取。

煤岩在成煤演化过程中，发育成两组大致成直角相交的内生裂隙，将煤体分割成不同的基质块体也称基岩块体。割理孔隙和基质孔隙构成煤的总孔隙。相应地，割理孔隙度是割理孔隙体积与试样总体积的百分比，基质孔隙度为基质孔隙体积与试样总体积的百分比，二者构成煤的总孔隙度。

煤储层不同于常规砂岩、碳酸盐岩储层，其孔隙发育特征也有特殊性。

二、煤的基质孔隙和割理孔隙的结构特征

1. 煤的基质孔隙结构特征

煤的基质孔隙结构较为复杂，煤变质程度不同其孔隙大小、分布均不相同，所谓的基质微孔隙并非均为细小的孔隙。美国学者 H.Gan（1972）通过研究将煤基质孔隙划分为 3 类：大孔隙（30 ~ 2960nm）、过渡孔隙（1.2 ~ 30nm）和微孔隙（0.4 ~ 1.2nm）。他利用低温氮吸附仪和汞孔隙度仪等手段，对无烟煤到褐煤的基质孔隙结构特征分别进行了实验研究。其结果表明，在以挥发分烟煤为主体的煤层气储层基质孔隙中，以微孔隙和过渡孔隙为主的达 80% 左右。

2. 煤的割理孔隙结构特征

表征割理发育程度的参数通常是指割理密度，即 5cm 距离内的面割理条数。割理的发育程度同样与煤变质程度及宏观煤岩成分有关。

煤是一种复杂的多孔介质，煤中孔隙是指煤体未被固体物充填的空间，是煤层气的赋存状态、气水介质与煤基质块间物理结构要素之一。煤的孔隙结构是研究煤层气赋存状态、气水介质与煤基质块间物理化学作用以及煤层气解吸、扩散和渗流的基础。

第七节　煤的吸附与解吸特征

煤的吸附与解吸特征是决定煤层含气量大小和煤层气开发潜力的重要影响因素。煤层气以三种基本形式赋存在煤层中：游离状态、吸附状态和溶解状态。三

种状态处在一个动态平衡过程中，其中吸附状态可占 70% ~ 95%，游离状态约占 5% ~ 20%，溶解状态极小。三种形式所占的比例取决于煤的变质程度、埋藏深度和赋存环境等因素。煤层气主要以吸附状态赋存在煤基质表面，煤基质表面分子与甲烷分子间的作用力属于范德华力，主要为物理吸附。煤对煤层气的吸附性能主要取决于煤的变质程度、煤岩组分、煤的孔隙度、孔隙结构、温度、压力、吸附剂性质等多种因素。煤储层与常规天然气储层之间的根本区别就在于煤储层具有强烈的吸附性。同样，煤层气产层与常规天然气产层之间的实质性不同，也在于煤层气产出之前要先发生解吸作用。因此，研究煤的吸附性和解吸性对于认识煤层气赋存规律和有效开采煤层气资源具有理论和实际意义。

一、煤的吸附性

吸附是物体（固、液体）表面吸收周围介质中其他物质的分子（如各种无机离子、有机极性分子、气体分子等）的性能。

固体吸附气体时的作用力有两种，一种是范德华力，另一种是剩余化学键力。由范德华力所引起的吸附称为物理吸附，而由剩余化学键力所引起的吸附称为化学吸附，如表 1.4 所示。

表 1.4　物理吸附与化学吸附的比较

吸附性质	物理吸附	化学吸附
作用力	范德华力	化学键力
吸附热	较小，近于气体凝结	较大，近于化学反应热
选择性	无选择性，易液化者易被吸附	有选择性
稳定性	不稳定，易解吸	比较稳定，不易解吸
吸附分子层	单分子层或多分子层	单分子层
吸附速率	较快，不受温度影响，易达平衡	较慢，需活化能，升温速率加快
吸附温度	吸附物沸点附近	远高于吸附物沸点

煤对甲烷气的吸附服从 Langmuir（兰氏）方程，其表达式为：

$$V=V_L \times p/(p_L+p)$$

式中　V——吸附量，m^3/t；

p——压力，MPa；

V_L，p_L——分别为 Langmuir 体积和压力。

Langmuir 体积 V_L 是衡量煤岩吸附能力的量度，其值反映了煤的最大吸附能力。Langmuir 压力 p_L 是影响等温吸附线形态的参数，是指吸附量达到

1/2 Langmuir 体积时所对应的压力值，该指标反映煤层气解吸的难易程度：(1) Langmuir 压力值越高，煤层中吸附态气体脱附就越容易，开发越有利。煤储层需较长时间达到最大气产量，但产能较稳定。(2) Langmuir 压力越小，解吸效率越高，煤储层具有较高的初始气产量。

煤岩吸附能力与储层压力密切相关，在等温条件下，吸附量与储层压力呈正相关。随着压力的增高，吸附量增大，但不同压力区间吸附量的增长率不等。在 0 ~ 2MPa 区间段，吸附量随压力的增高以较高的斜率近似呈线性增长，此后增长率逐渐变小，直至吸附增量为零，煤的吸附达到饱和状态。

由于煤孔隙度、孔隙结构、变质程度、储层压力和温度在平面上的变化，导致同一煤层在平面上的吸附能力存在一定的差异。另外煤中水分含量会对煤中甲烷的吸附能力产生重要影响。

煤层埋深主要受控于地壳的抬升与沉降，其对煤吸附能力的影响实质上是温度和压力的间接反映。

总之，煤的吸附性主要取决于三个方面的因素：(1) 煤结构和煤的有机组成；(2) 与被吸附物质的性质有关，在同系有机物中，分子量越大的烃类气体越易被吸附，所以重烃成分易被吸附；(3) 煤的吸附性受热演化程度的控制。

二、煤的解吸特征

解吸是吸附的逆过程，处于运动状态的气体分子因温度、压力等条件的变化，导致热运动动能增加而克服气体分子和煤基质之间的引力场，从煤的内表面脱离成为游离相，发生解吸。煤层气的开采正是利用这种原理，人为排水降压，降低气体压力，从而打破能量平衡使甲烷分子解吸成为游离的煤层气。

解吸是一个动态过程，它包括微观和宏观上的两种意义。在原始状态下，煤基质表面上或微孔隙中的吸附态煤层气与裂隙系统中的煤层气处于动态平衡，当外界压力改变时，这一平衡被打破，当外界压力低于煤层气的临界解吸压力时，吸附态煤层气开始解吸。首先是煤基质表面或微孔内表面上的吸附态发生脱附(即微观解吸)；随后在浓度差的作用下，已经脱附了的气体分子经基质向裂隙中扩散（即宏观解吸)；最后在压力差的作用下，扩散至裂隙中的自由态气体继续作渗流运动。这三个过程是有机的统一体，相互促进，相互制约。

1. 煤层气的解吸过程

(1) 由于气、水从裂隙产出，导致煤储层压力下降，煤基质块表面微孔隙系统中吸附的煤层气发生解吸，使得煤基质块表面微孔隙系统中吸附的煤层气含量即煤层气浓度降低。解吸与吸附互为逆过程，遵循相同的规律。

(2) 随着煤基质块表面微孔隙中煤层气浓度的降低，煤基质块的内部微孔隙

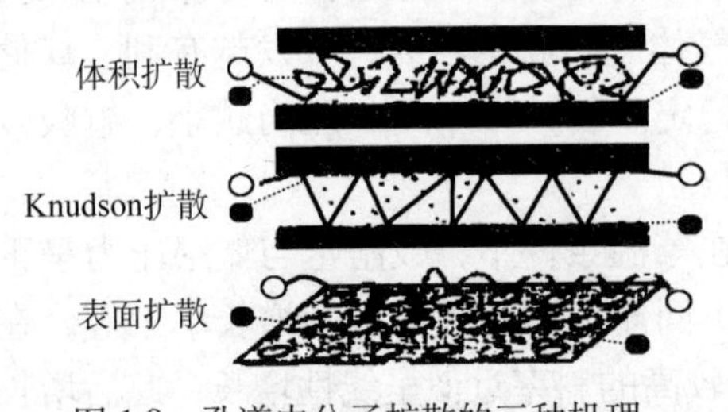

图 1.9　孔道内分子扩散的三种机理

系统与表面微孔隙系统之间形成煤层气浓度梯度，即其内部微孔隙系统中煤层气浓度相对较高，而其表面微孔隙中煤层气浓度相对较低。在浓度梯度的作用下，内部微孔隙系统中的煤层气通过微孔隙系统沿着浓度梯度降低方向由内部向表面发生扩散运移，是体积扩散、Knudson 扩散和表面扩散共同作用的结果（图 1.9）。

当孔隙直径大于气体分子的平均自由程时，扩散以描述分子和分子间的相互作用的体积扩散为主；当孔隙相对于气体分子的平均自由程较小时，扩散以描述分子和孔壁间的相互作用的 Knudson 扩散为主；表面扩散描述的是吸附的类液体状甲烷薄膜沿微孔隙壁的转移，它在微孔扩散中发挥着重要的作用。对整个运移过程来说，表面扩散的作用不是很大。工程实际中所处理的绝大部分物系都是多元物系，由于各组分之间的交互作用，使得多元传质的特性完全不同于二元传质。在某些情况下，某些组分可能会产生渗透传质、传质障碍、逆向传质等交互作用现象。对于这些现象，用传统 Fick 定律无法解释。以 Maxwell–Stefan 方程（简称 MS 方程）为基础，发展了多元传质过程的程序和计算方法，既可应用于相内传质，又可应用于同时伴有传热过程的相间传质，还可扩展应用于固体颗粒内的扩散、吸附、膜分离等传质过程。

（3）当煤层气井排水降压时，裂隙系统中的煤层气和水在压力梯度作用下假定以层流形式向井筒流动。这一流动服从 Darcy 定律，即流体流速与压力梯度成正比。基质块表面的解吸作用非常快，足以维持自由气和吸附气之间的平衡。在煤基质块内部的吸附气与自由气处于不平衡状态。

2. *解吸量与解吸率*

解吸率是损失气量与解吸气量之和与总气量的百分比。

解吸量是损失气量与现场两小时解吸气量之和，即解吸率与该深度下实际含气量的乘积。我国部分矿区煤层甲烷平均解吸量统计结果如表 1.5 所示。

表 1.5　我国部分矿区煤层甲烷平均解吸量统计结果

矿区	地层时代	煤层编号	反射率，%	解吸量，cm^3/g		解吸率，%	样本数
				V_1+V_2	总量		
铁法	K_1	12	0.56	1.96	5.23	37.5	123
辽河	E	—	0.54	1.78	7.86	22.6	2

续表

矿区	地层时代	煤层编号	反射率，%	解吸量，cm³/g		解吸率，%	样本数
				V_1+V_2	总量		
韩城	P_1	3	2.12	5.62	9.67	54.0	1
	C_2	11	2.28	2.37	4.39	59.0	2
淮南新集	P_2	13−1	0.87	1.59	5.40	29.4	12
	P_1	11−2	1.04	1.43	5.15	27.8	14
晋城	P_1	3	4.35	3.79	14.24	26.6	105
	C_2	15	4.32	7.05	18.46	38.2	90
霍州	P_1	2	1.43	1.23	5.60	22.0	4
	C_2	10	1.53	1.46	5.00	29.2	4
恩洪	P_2	9	—	5.76	10.82	53.2	5
	P_2	15	—	5.59	10.63	52.6	9

第八节　煤层气资源储量分级及计算

一、煤层气资源储量相关术语

1. *总原地资源量*

总原地资源量是指已发现的和未发现的煤层中原始储藏的煤层气总量。根据不同勘探开发阶段所提供的地质、地球物理与分析化验等资料，经过综合评价研究，选择运用具有针对性的方法估算求得。总原地资源量分为地质储量和未发现原地资源量。

2. *未发现原地资源量*

未发现原地资源量是指根据一定的地质和工程依据估算的赋存在煤层中的煤层气资源量，包括推测原地资源量和潜在原地资源量。

3. *地质储量*

地质储量是指在原始状态下，赋存于已发现的具有明确计算边界的煤层气藏中的煤层气总量。

4. *可采量*

可采量是指预计从煤层中可采出的煤层气资源量。在未发现的情况下，称为可采资源量；在已发现的情况下，称为可采储量。

5. 技术可采储量

技术可采储量是指在给定的技术条件下，经理论计算或类比估算最终可采出的煤层气资源量。

6. 经济可采储量

经济可采储量是指在现行的经济条件和政府法规允许的条件下，采用现有的技术，预期从某一具有明确计算边界的已知煤层气藏中可以采出，并经过经济评价认为开采和销售活动具有经济效益的那部分煤层气储量。经济可采储量是累计产量和剩余经济可采储量之和。

7. 剩余经济可采储量

剩余经济可采储量是指在现行的经济条件和政府法规允许的条件下，采用现有的技术，从指定的时间算起，预期从某一具有明确计算边界的煤层气藏中可以采出，并经过经济评价认为开采和销售活动具有经济效益的那部分煤层气储量。

二、煤层气资源储量的分级

煤层气原地资源储量的分级以地质可靠程度的高低为基本原则，根据勘查开发工程和地质认识程度的不同，分为已发现的和未发现的两级。

未发现的资源量又分为推测的、潜在的两级；已发现的煤层气资源量（煤层气地质储量）又分为预测的、控制的和探明的三级。各级别资源储量包括原地资源储量和对应的可采资源储量。

1. 预测储量

初步查明了煤层的分布规律，有少量煤层气探井，至少有一口勘探井取得煤层气评价的必要参数，单井测试产量达到了储量起算标准，大部分的储层参数是推测得到的。煤层气预测储量可靠程度很低，储量的可信系数为 0.1 ~ 0.2。预测储量应具有进一步评价的可行性。

2. 控制储量

基本查明了煤层气藏的地质特征、储层及其含气性的展布规律（包括储层物性、压力系数和气体流动能力等）；通过实施小井网和（或）单井煤层气测试稳定产量达到储量计算标准。但是由于参数井和生产井的数量有限，不足以完全了解整个计算范围内气体赋存条件和产气潜力。

控制储量的可靠程度较低，可信系数为 0.5 左右。控制储量应具备进一步勘探评价的价值。

3. 探明储量

查明了煤层气藏的地质特征、储层及其含气性的展布规律和开采技术条件

（包括储层物性、压力系统和气体流动能力等）；通过实施小井网和（或）单井煤层气试验或开发井网证实了煤层气井稳定的经济生产能力。煤层气探明储量的可靠程度较高，储量的可信系数为 0.8 ~ 0.9。

探明储量包括两部分：探明已开发储量，指测试达到煤层气储量起算标准的煤层气井控制的面积内的储量；探明未开发储量，指尚未测试或钻井的近邻部分，根据已有的地质和工程资料能合理判断其具有经济生产能力的区域，一般从煤层气井外推的距离不超过合理开发井距的 1.5 倍。

三、煤层气储量计算方法

计算煤层气储量的方法很多，有体积法、压降曲线法、产量递减法、类比法、物质平衡法、气藏数值模拟法等。由于煤层气藏是一种裂隙—孔隙型双重孔隙介质、气液两相的储集类型，气井的动态与常规天然气不同；采用体积法和数值模拟法比较适应于计算煤层气储量，而其他方法误差较大。

1. 体积法

体积法是煤层气地质储量计算的基本方法，适用于各个级别煤层气地质储量的计算，其精度取决于对气藏地质条件和储层条件的认识，也取决于有关参数的精度。

体积法的计算公式为：

$$G_i=0.01Ah\rho C_{ad}$$

或

$$G_i=0.01Ah\rho_{daf}C_{daf}$$

$$C_{ad}=C_{daf}(1-M_{ad}-A_d)$$

式中 G_i——煤层气地质储量，10^8m^3；

A——煤层含气面积，km^2；

h——煤层有效厚度，m；

ρ——煤的空气干燥基质量密度（煤的容重），t/m^3；

C_{ad}——煤的空气干燥基含气量，m^3/t；

ρ_{daf}——煤的干燥无灰基质量密度，t/m^3；

C_{daf}——煤的干燥无灰基含气量，m^3/t；

M_{ad}——煤中原煤基水分，%；

A_d——煤中灰分，%。

2. 数值模拟法

数值模拟法是在计算机中利用专业软件对已获得的储层参数和早期的生产数据（或试采数据）进行拟合匹配，最后获取气井的预计生产曲线和可采储量。

复习思考题

1. 简述沉积岩的地质意义。
2. 简述地质时代单位与年代地层单位的关系。
3. 简述煤层气与常规天然气的异同。
4. 简述煤层气的吸附与解吸特性对于煤层气排采的意义。

第二章　煤层气钻井工艺

煤层气井钻井工艺和完井方法之间关系密切。合适的完井工艺取决于特定的储层特征，完井方法不同，钻井程序也各异；对煤层气完井后，煤层一般大量产水，为了降低储层压力，促使气体从煤层中解吸出来，就必须先排水。因此，煤层气井的井身结构和完井方式必须适合这种特殊的生产考虑。

第一节　煤层气井井身结构

一、井身结构

井身结构，指的是完钻井深和相应井段的钻头直径，下入的套管层数、直径和深度，各层套管外的水泥返高和人工井底等。在一口井内，应该下几层套管，每层套管应该下多深，这主要决定于要钻穿的地下岩石情况。煤层气井孔中下入的套管可分为表层套管、技术套管（或中层套管）和产层套管（或生产套管）三种类型。

（1）表层套管，用以封隔上部松软的易塌、易漏地层，安装井口，控制井喷，支撑中层套管和产层套管。

（2）技术套管，用以封隔用钻井液难以控制的复杂地层，保证顺利钻井。

（3）产层套管，用以将产层与其他地层以及不同压力的产层分隔开，形成煤层气流通通道，保证长期生产，满足开采和储层压裂的要求。

二、套管下入的顺序

1. 钻头程序和套管程序

从井身结构图2.1上可以看到，由上到下的井身是一个由大变小的台阶形状，这是因为每下入一层套管后，就要换一个小于套管内径的钻头往下钻，钻到一定深度，又要下入一层比这个钻头直径小的套管，这样就形成了台阶形状，这种依次变更钻头的顺序称为钻头程序。钻头程序表示方法举例如下：如某口井的钻头程序是445×311×215（单位mm），就表示先用直径445mm的钻头开钻，打到一定深度后换成直径311mm的钻头往下打，打到一定深度后又换成直径215mm的钻头打到完钻。井越深，钻头程序越多。套管程序的表示方法与上述相同。如某口井的套管程序是 339.7 × 244.5 × 177.8（单位 mm），就表示先下一层直径 339.7mm 的表层套管，再下一层直径 244.5mm 的技术套管，最后下一层直径 177.8mm 的生产套管。井越深，地层越复杂，套管程序越多。

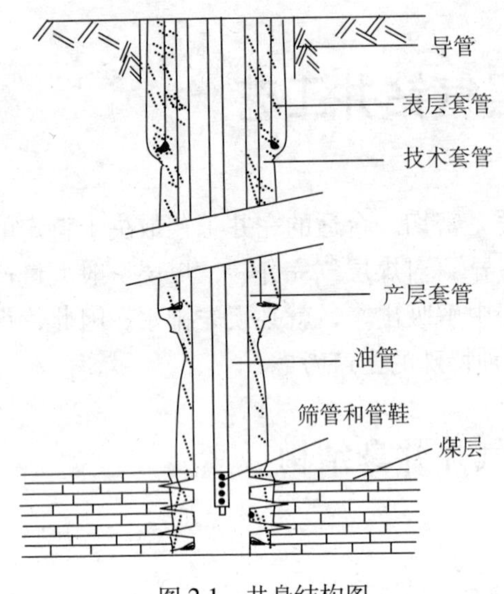

图 2.1　井身结构图

2. 油管的下入

油管是垂直悬挂在井里的钢制空心管柱，每根长 8 ～ 10m，由螺纹连接。油管的作用有以下三个方面：

(1) 将煤层产出的水从井底输送到井口。由于油管的横截面积比油、套管环形空间的横截面积小得多，在相同的产气量下，油管中的水流速度比油、套环空中的水流速度高，携带井内积液和煤粉的能力强，能保持井底在较清洁的状态下采气。

(2) 完成压井、洗井、酸化压裂等井下作业措施。

(3) 油管在采气过程中被腐蚀、磨损，影响正常工作时可以更换；或者为了增加携带积液的能力，也可以把大直径油管换成小直径油管。

油管一般下到煤层中部，但对裸眼完井，只能下到套管鞋，以防油管在裸眼中被煤层垮塌物卡住。

油管挂（又称锥管挂）是金属制成的带有外密封圈的空心锥体，座在大四通内，并将油、套管的环形空间密封起来。

筛管由油管钻孔制成，每根长 3 ～ 10m，钻孔孔径 10 ～ 12mm，钻孔孔眼的总面积要求大于油管的横截面积，以增加气流通道，弥补油管鞋入口处过小对产量的影响。

油管鞋接在油管最下部，是一个内径小于井底压力计直径的短节，防止测压时压力计或其他入井工具掉落井内。

3. 确定井身结构的原则和依据

(1) 能有效地保护煤层，降低钻井液对不同压力梯度煤层的伤害。

(2) 能有效地避免钻井液过分漏失、高压井喷、井壁坍塌和卡钻等复杂情况的发生，为安全钻进创造条件。

(3) 下套管过程中，不会因井内钻井液液柱压力和地层压力之差产生压差卡钻。而完井方式的选择，必须考虑煤层气的储层特性和地质条件变化。

三、相关概念

（1）套补距，钻井时的方补心与套管头的距离，单位 m。

（2）套管深度，下入油层套管的深度，单位 m。

（3）套管直径，下入油层套管的公称直径，单位 m。

（4）人工井底深度，完井时套管内最下部水泥顶界面至方补心的距离，单位 m。

（5）射开油层顶部深度，射孔井段最上部至方补心的距离，单位 m。

（6）射开油层底部深度，射孔井段最下部至方补心的距离，单位 m。

四、韩城煤层气井实例

完井方式采用二开法钻井，表层（水泥返高到地面）+ 生产套管（返高到煤层 200m），套管完井（射孔半径 50 ～ 60cm），人工井底距煤层 50m 左右，增加沉砂，煤粉口袋延长修井期。煤层（块状、粉状）各项异性强，人为形成裂缝能力差，目前主要合采 11 号煤（层厚 4 ～ 20m）、3 号煤（1 ～ 3m），如图 2.2 所示。

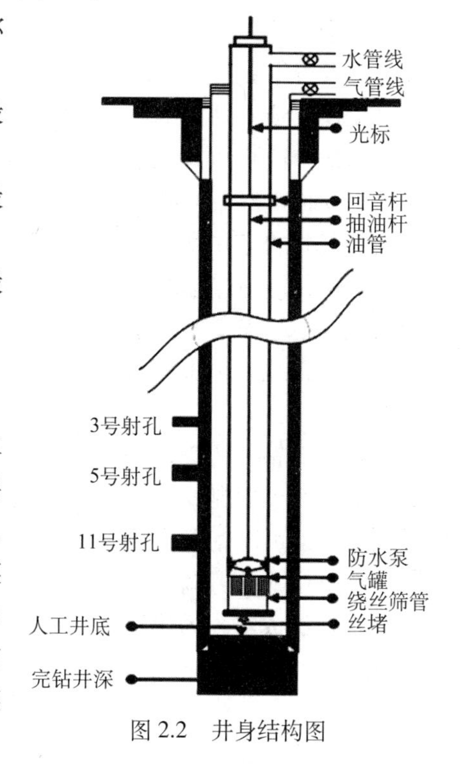

图 2.2　井身结构图

第二节　煤层气井完井方式

完井是指用什么方法使煤层和井筒连通。完井的主要目的是在煤层井段形成大洞穴，有效沟通井眼和储层。气井完成是钻井工程中的最后一道工序，其内容包括钻开生产层和安装井底装置。煤层和砂岩储层的最大区别是气体存储与产出机理不同。常规砂岩储层中气体存储在孔隙空间，通过孔隙和孔隙喉道流入水力裂缝和井筒。对煤层储层，大多数气体吸附在煤表面，为了采出这些气体，必须降低储层压力，使气体从煤基质解吸、扩散进入煤层的割理系统。然后，气体通过煤层割理系统进入水力裂缝和井筒。因此，煤层气常常需要独特的完井技术和强化措施以便在井筒和储层间建立有效的联络通道，使煤层内部的气体解吸并流向井筒，以获得工业性产气量。煤层气井完井方法的选择、效果的好坏直接影响到煤层气的后期排采。

煤层气井完井是指煤层气井与煤层的连通方式，以及为实现特定连通方式所采用的井身结构、井口装置和有关的技术措施。这一流程采用的是常规油气井完井的原理和技术，并针对煤储层的特性加以改进的方法，对最终煤层气的生产开发至关重要。完井过程中有时可能会造成对煤层的伤害，使渗透率降低。因此，在选择煤层气井的完井方式时必须最大限度地保护煤层，防止对目标煤层造成伤害，减少煤层流入井筒的阻力。此外，还必须满足以下三点要求：有效封隔煤层气和含水层，防止水淹煤层及煤层气与水相互窜通；克服井塌，保障煤层气井长期稳产，延长其寿命；可以实施排水降压、压裂等特殊作业，便于修井。

煤层气井的完井目的有以下几点：

(1) 使井筒与煤层的天然裂隙和裂隙系统有效连通，这种连通常用裸眼完井、套管射孔或割缝来实现，且往往要进行强化处理。

(2) 有效地封堵出水地层和不同压力体系的煤层，有利于开展增产措施和采气作业。

(3) 降低钻井污染，提高产气量。钻井作业产生的钻井污染可导致近井地带气、水流动受到限制，为连通钻井与原始储层，必须消除这种流动限制，通过消除或绕过污染可以克服钻井污染问题。

(4) 防止井壁坍塌和煤层出砂，保障煤层气井的采气作业和长期生产。

(5) 降低成本。为确保煤层气井的经济开发，完井作业简便易行，施工时间短、成本低、经济效益高。

常用的完井方法有裸眼完井、射孔完井、衬管完井、尾管完井等四种。

一、裸眼完井

钻到煤层顶部后停钻，下油层套管固井，再用小钻头钻开煤层，这样煤层完全是裸露的。如图 2.3 所示。

1. 裸眼完井的优点

煤层完全暴露，煤层气流动的阻力小，在同样的地层条件下，气井的无阻流量高。由于单井产量高，开发气田需要的总井数减少，降低了开发费用和采气成本。对裂缝性煤层，裸眼完井可以使裂缝充分暴露，使用其他完井方法时要射到裂缝上相当困难。

2. 裸眼完井的缺点

煤层中有夹层水时不能被封闭，采气时气水互相干扰，裸眼段地层容易垮塌，不能进行选择性增产措施。

综上所述，裸眼完井法主要适用于坚硬不易垮塌的无夹层水的裂缝性煤层。

二、衬管完井

衬管完井是改进了的裸眼完井，有裸眼完井的优点，又避免了岩石垮塌的缺点。衬管用割缝套管（缝宽 5 ~ 8mm，长 100mm）或钻有圆孔（孔径 5 ~ 10mm）的套管制成。衬管用悬挂器挂在上层套管的底部，或直接坐在井底，如图 2.4 所示。

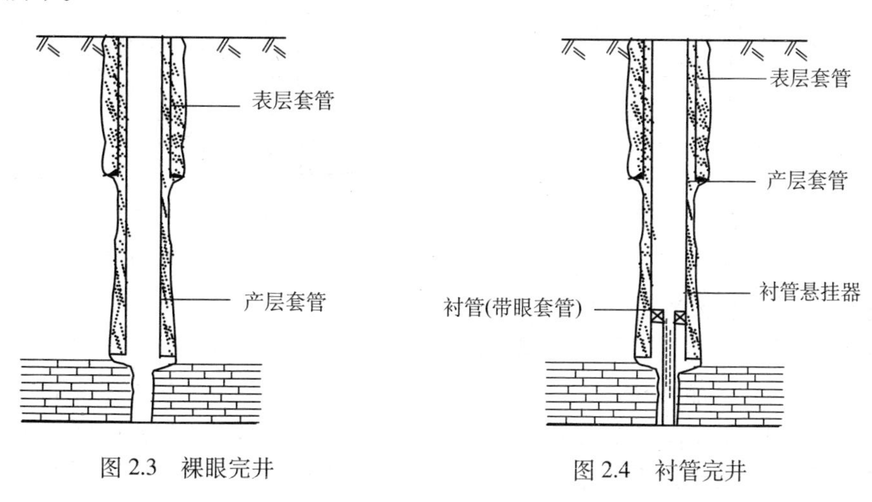

图 2.3　裸眼完井　　　图 2.4　衬管完井

三、射孔完井

钻完煤层后下煤层套管固井，然后用射孔枪在煤层射孔，射孔弹穿过套管和水泥环射入煤层，形成若干条人工通道，实现井筒和煤层连通。射孔完井和裸眼完井的优缺点刚好相反，主要应用于易垮塌的煤层或要进行选择性增产措施的煤层。对底水煤层一般都采用射孔完井，如图 2.5 所示。

四、尾管完井

钻完煤层后下尾管固井。尾管用悬挂器挂在上层套管的底部（一般互相重叠 50 ~ 100m），用射孔枪射开煤层。尾管完井具有射孔完井的优点，又节省了大量套管。尾管顶部还装有回接接头，必要时，还可回接套管一直到井口。尾管完井特别适用于探井，因为探井对煤层有无工业价值情况不明，下套管有时会造成浪费，如图 2.6 所示。

五、裸眼洞穴完井

裸眼洞穴完井技术是煤层气特有的一种完井方法，是指反复采用井口增压并迅速卸压的方法，使煤层段井眼垮塌，在煤层段形成一个大而稳定的空腔完井技

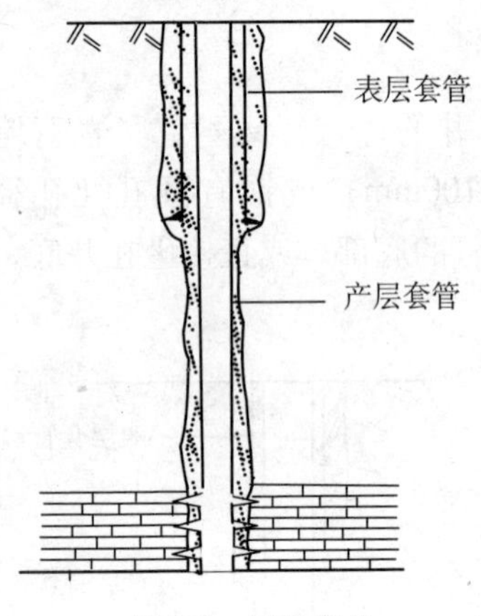

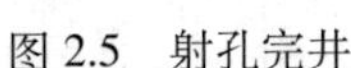
图 2.5　射孔完井

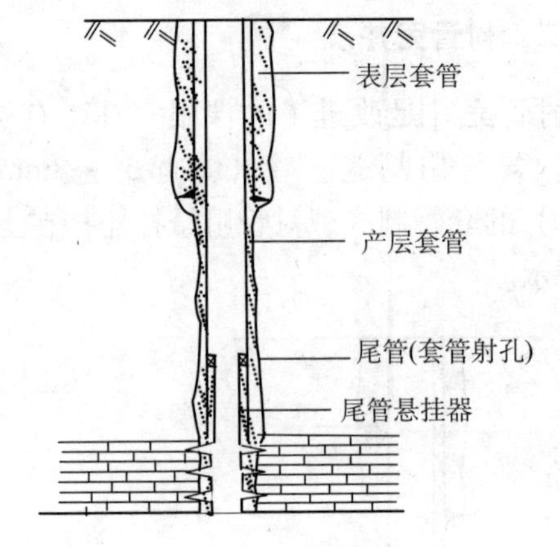

图 2.6　尾管完井

术。这种完井技术对煤层产生很大的作用力，改善了煤层的内部裂隙和原始裂缝的结构，因而又被称为动力裸眼完井技术。

这种完井方法的使用条件：第一，煤层压力高，渗透率高，煤体结构和机械性能适合洞穴，并能保持稳定。一般要求煤层埋深适中，含气量大于 $15m^3/t$，渗透率大于 $5\times10^{-3}\mu m^2$，厚度大于 5m。第二，顶板岩石致密，机械强度高，在煤层井段形成洞穴时能承受其上覆岩石压力而不垮塌，顶底板不出水。

这种完井方式是将技术套管下入顶板内，套管鞋与煤层顶部距离为 1 ～ 2m，并且越靠近越好。一般用直径为 244.5mm 的钻头钻至煤层顶部 1 ～ 2m，下入 177.8mm 的套管固井；再用 152.4mm 钻头钻穿全部井深，然后造洞穴完井，如图 2.7 所示。

在现场为了改变煤层透气性差而设计采用裸眼洞穴完井技术，目的在于有效扩大煤层暴露面积或渗滤面，最大限度降低钻井液和固井对煤层的伤害，保持煤层和井筒之间的最佳连通条件，煤层气流到井口阻力最小。

最下部煤层适合于裸眼洞穴完井条件，而上部不适合时可采用射孔和洞穴完井技术。这种完井技术的要求分别与单煤层射孔完井和裸眼洞穴完井技术相同，如图 2.8 所示。

六、射孔工艺

1. 正压射孔

正压射孔是指先通井洗井，在井筒压力大于地层压力的条件下，下射孔器射孔。

特点：工艺简单，施工安全。

缺点：射孔过程中，压井液中的各种固相物质或淡水会进入地层孔隙堵塞地层，在近井地带形成污染带，降低生产能力。

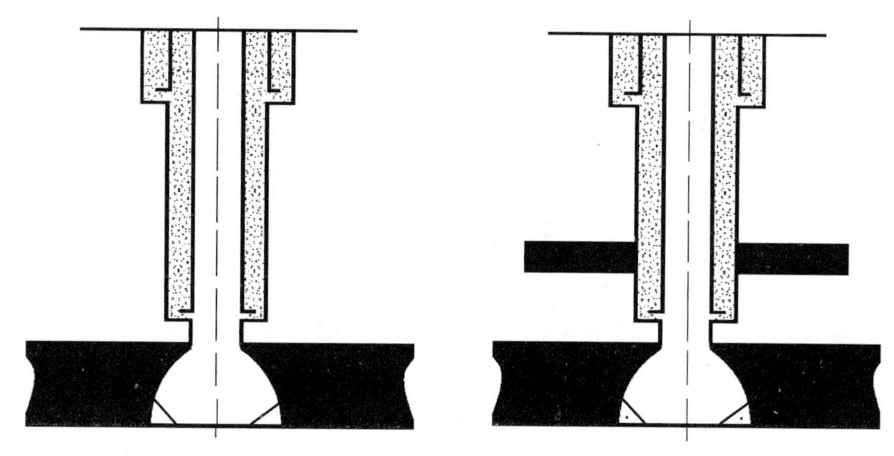

图 2.7　裸眼洞穴完井　　　　图 2.8　套管射孔 + 裸眼洞穴完井

为什么会进入，因为是在井筒压力大于地层压力条件下射孔的。因此，近几年负压射孔工艺发展起来了。

2. 负压射孔

负压射孔是指（不压井）井口不被拆除，是在井筒压力略小于地层压力的条件下，下射孔器射孔。

优点：不污染煤层，不用压井，施工时间短。

完井的决策是很重要的，在钻井之前的设计中必须充分考虑地层条件，否则，会加大完井的作业成本，并给完井作业造成很大困难，严重的还会造成井的报废。国内主要还是采用套管射孔完井，然后再对煤层实施压裂。

总之，煤层气井的井孔设计要因地制宜，既要考虑地层条件，又要考虑储层条件，减少对煤层的伤害（此时一般已有套管并已固井、试压成功）。井径大小常常与井孔类型有关，而井身结构往往与完井方式有关。应综合考虑，设计出经济、简便、有效的井孔，以最大限度地满足钻井的要求。

复习思考题

1. 什么是煤层气井的完井方式？
2. 什么是井身结构？井身结构确定的原则是什么？
3. 简述射孔完井方式的特点。
4. 适合煤层气完井的方式有哪些？各自有什么特点？

第三章　煤层气排采工艺

第一节　煤层气井排采工艺技术

煤层气藏通常为天然裂缝型、低压和饱和水气藏。虽然在煤层中可能存在着部分游离气，但在煤层气藏中，绝大部分煤层气都被吸附在煤基质的表面上。为了开采这些煤层气，必须降低储层压力，从而使得煤层气从煤基质上释放进入到裂缝中，随后煤层气便可通过裂缝和煤层割理系统进行运移，流入井筒。煤层的天然裂缝系统最初阶段为水饱和型，为了提高煤层气产量必须清除这些水，对煤层进行排水处理可以降低储层压力，使煤层气从煤基质上释放并扩散。同时，由于降低了储层的含水饱和度，也就提高了煤层气的相对渗透率，从而允许释放出的煤层气流向井筒。对煤层甲烷气井实施排水处理最常用的排采系统包括有杆泵、电潜泵、螺杆泵和气举等。

一、游梁式抽油机排水采气

人为地利用机械设备向井内液体补充能量，才能把井内水举升出井。在现场实际生产中，游梁式抽油机运用最广泛，是一种典型的有杆泵。该设备是通过地面动力带动抽油机运转，并借助抽油杆来带动深井泵采出水的一种方法。

有杆泵抽油装置主要由抽油机、抽油杆、抽油泵三部分组成。

(1) 抽油机是抽油井地面机械传动装置，它和抽油杆、抽油泵配合使用，能将井筒中的水抽到地面。

(2) 抽油泵也称深井泵。它是有杆机械采油的一种专用设备，泵在煤层气井井筒中煤层附近或以下一定深度，依靠抽油杆传递抽油机动力，将水抽采出地面。

(3) 抽油杆是有杆泵抽油装置的一个重要组成部分。通过抽油杆柱将抽油机的动力传递到深井泵，使深井泵的活塞做往复运动，如图 3.1 所示。

1. 抽油机

1）分类

按照抽油机的结构和工作原理不同，可分为游梁式抽油机和无游梁式抽油机。

游梁式抽油机按结构不同可分为常规型（普通型）、异相型和前置型，而常规型和异相型无明显差异，一般合称后置型抽油机。普通型抽油机的支架在驴头和曲柄连杆机构之间，而前置型抽油机的曲柄连杆机构位于驴头和游梁之间。

2）组成

抽油机由主机和辅机两大部分组成。主机由底座、减速箱、曲柄、连杆、曲柄平衡块、游梁平衡块、横梁、支架、游梁、驴头、悬绳器及刹车装置组成；辅机由电动机、电路控制装置组成。

3）工作原理

电动机将其高速旋转运动传递给减速箱的输入轴，经中间轴后带动输出轴，输出轴带动曲柄做低速旋转运动。同时，曲柄通过连杆经横梁拉动游梁后臂（或前臂）摆动（或者是连杆直接拉动游梁后臂），游梁的前端装有驴头，活塞以上液柱及抽油杆柱等载荷均通过悬绳器悬挂在驴头上。由于驴头随同游梁一起上下摆动，游梁驴头便通过抽油杆带动活塞做上下往复运动，带动抽油泵完成抽吸过程，如图 3.2 所示。

4）型号

游梁式抽油机的型号如图 3.3

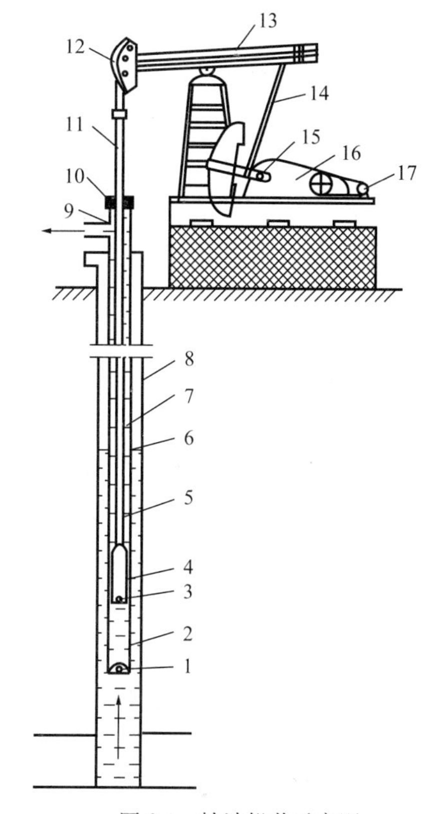

图 3.1　抽油机井示意图

1—吸入阀；2—泵筒；3—柱塞；4—排出阀；5—抽油杆；6—动液面；7—油管；8—套管；9—三通；10—密封盒；11—光杆；12—驴头；13—游梁；14—连杆；15—曲杆；16—减速器；17—动力机（电动机）

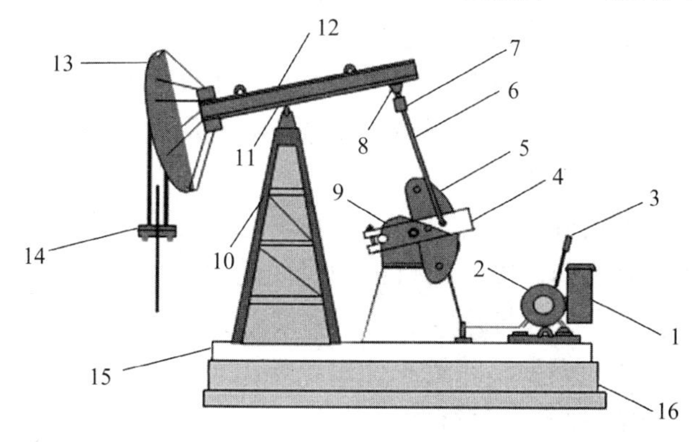

图 3.2　普通型游梁式抽油机

1—控制柜；2—电动机；3—刹车；4—曲柄；5—曲柄平衡块；6—连杆；7—横梁；8—尾轴承；9—减速箱；10—支架；11—支架中轴承；12—游梁；13—驴头；14—悬绳器；15—底座；16—水泥基础

所示。

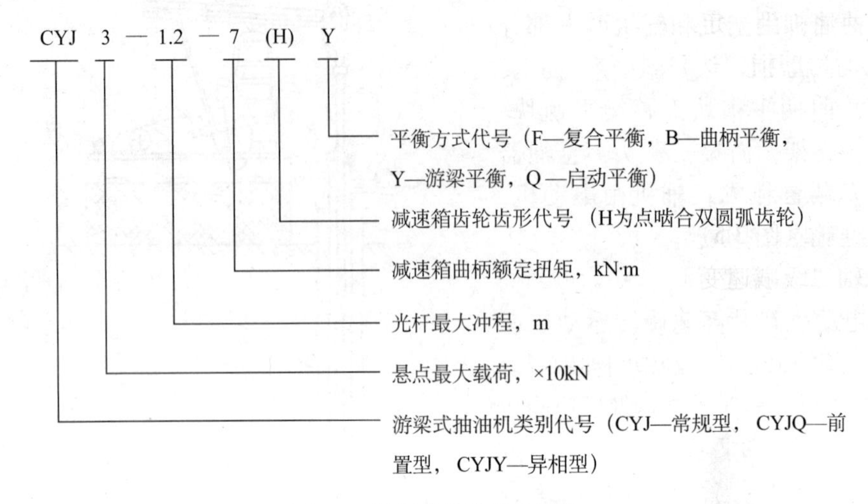

图 3.3 游梁式抽油机的型号

例如，CYJQ3—1.2—7（H）Y 表示该机为前置型游梁式抽油机；悬点最大载荷为 30kN；光杆最大冲程为 1.2m；其减速箱曲柄轴最大扭矩为 7kN · m；减速箱齿轮为点啮合双圆弧齿轮传动型式；平衡方式为游梁平衡。

5）主要部件的作用

（1）驴头。

驴头（图 3.4）装在游梁最前端，通过悬绳器将光杆—抽油杆—活塞等杆柱悬挂在抽油机上，作用是保证抽油时，光杆始终对准井口中心位置，为此驴头的前端是一圆弧。它是以游梁支点为圆心，以轴承到驴头前端长为半径画圆弧。这样可以保证抽油机在工作时，驴头前端中心点投影与井眼中心基本重合。

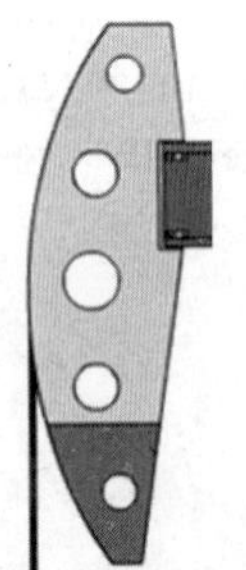

图 3.4 驴头

在油井作业时，驴头必须移开井口，否则会防碍施工，驴头移开井口的方法有上翻式、侧转式和可拆卸式三种。

（2）游梁。

游梁固定在支架上，前端安装驴头承受井下负荷，后端连接横梁、连杆、曲柄、减速箱，接受来自电动机的动力。使用中通过调整游梁前后、左右，就可以校准驴头中心与井口中心的一致。游梁负担抽油机的全部载荷，它必须具有一定的强度和钢度。游梁主体用单根型钢焊成，也有用钢板组焊制成。中重型抽油机采用箱式结构，抗弯系数大。

（3）曲柄连杆机构。

曲柄连杆机构装在减速箱输出轴的两端。曲柄上有 3 ～ 8 个孔，是为调节冲程大小而设定的。在减速箱输出轴即曲柄轴上开有两个键槽，互成 90°。当被动轮的轮齿磨损到一定程度时，可把曲柄换到相差 90°的另一个键槽上，这样可以使齿轮均匀磨损，达到充分利用设备的目的。曲柄上的两个大铁块称为平衡块，用 T 形螺钉与曲柄连接在一起，因为其安装在曲柄上，这种平衡方式称为曲柄平衡。曲柄连杆机构的作用是将电动机的旋转运动变成驴头的往复运动。

（4）减速箱。

减速箱（图 3.5）为抽油机的重要部件之一，减速箱是将电动机的高速转动，通过三轴二级减速变成曲柄轴（输出轴）的低速转动，同时支撑平衡块。减速箱的形式很多，现场多采用三轴两级减速。其结构按输出动力的方式不同可分为：单组齿轮和双组齿轮两种；按齿型不同可分为：斜型齿轮和人字形齿轮两种。

图 3.5　减速箱

（5）平衡块。

平衡块装在抽油机游梁尾部或曲柄轴上。它的作用是：当抽油机上冲程时，平衡块向下运动，帮助克服驴头上的负荷；在下冲程时，电动机使平衡块向上运动，储存能量，在平衡块的作用下，可以减小抽油机上下冲程的负荷差别，如图 3.6 所示。

（a）游梁尾部平衡

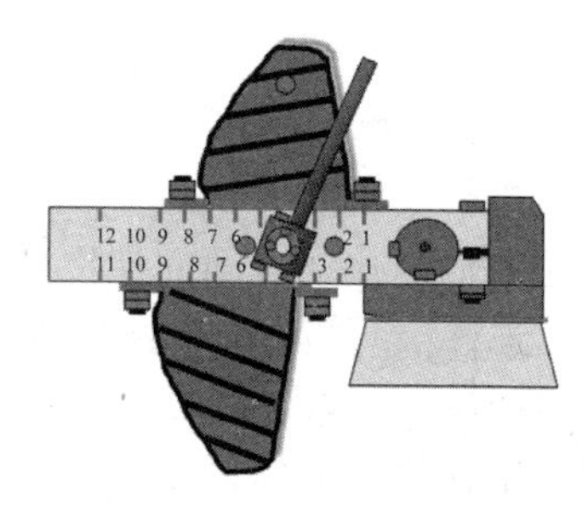

（b）曲柄平衡

图 3.6　平衡块的安装位置

图 3.7　悬绳器

(6) 悬绳器。

悬绳器是连接光杆和驴头的柔性连接件，还可以供动力仪测示功图用，如图 3.7 所示。

(7) 刹车装置。

抽油机的刹车系统是非常重要的操作控制装置，其制动性是否灵活可靠，对抽油机各种操作的安全起着决定性作用。刹车系统性能主要取决于刹车行程（纵向、横向）和刹车片的合适程度。刹车装置类型根据其工作方式可分为外抱式刹车和内胀式刹车，如图 3.8 所示。

内胀式刹车装置如图 3.8（a）所示，内胀式刹车装置根据其特有的结构形式表现为防油性能良好而防风沙性能却稍差一些。内胀式刹车装置与外抱式刹车装置相比虽然结构稍复杂一些，但安装调试、维护保养仍很方便，而且刹车效果比较好，多用于重型机械中。挂钩式锁紧安全保险装置无论是在抽油机正常状态下还是在严重不平衡状态下，均表现出良好的安全保险性能，其可靠性是非常显著的，在各种机型中被广泛应用。

外抱式刹车装置如图 3.8（b）所示，外抱式刹车装置的特点是防风沙性能较好，但防油性能较差。这种刹车装置结构简单，安装调试、维护保养方便，刹车效果一般，大多在中、小型机械中运用。死刹锁紧式安全保险装置在抽油机正常状态或一般不平衡状态下基本上能够达到安全保险作用，但在抽油机严重不平衡状态时，尤其用在重型机械中，其安全保险作用的可靠性就明显有所下降，现多被挂钩锁紧式安全保险装置所代替。

(8) 大皮带轮。

电动机把旋转的能力传给皮带，再由皮带传给大皮带轮，由大皮带轮带动输入轴。大皮带轮是减速箱做功的桥梁。

(9) 横梁和连杆。

连杆是曲柄与尾梁之间的连接杆件。上部与尾梁连接，通过连杆销与尾梁连接在一起，连杆销两侧有拉紧螺栓紧固；下部与曲柄销靠穿销螺栓连接。

连杆一般用无缝钢管制成，个别也采用工字钢或槽钢。连杆两端焊有连杆头。正常工作时上连杆头和横梁间无转动，用销子相连；下连杆头和曲柄用曲柄销轴连接。两曲柄销装有双列自位轴承，可以消除安装误差的影响。曲柄销轴和曲柄孔一般用圆锥面相连，轴端有螺母用以固死销轴和曲柄。改变曲柄销轴在曲柄锥

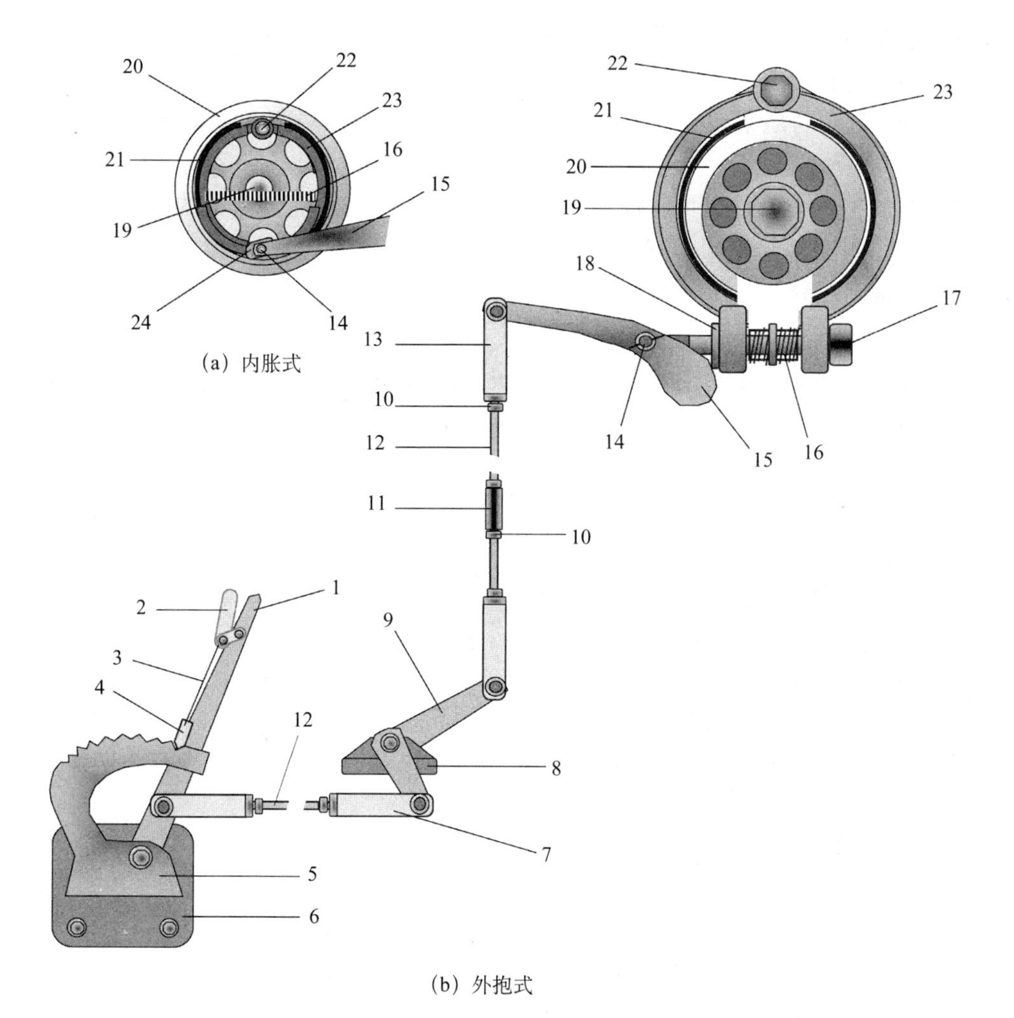

图 3.8 抽油机刹车装置示意图

1—刹车把；2—锁死弹簧把；3—弹簧拉杆；4—锁死牙块；5—刹车座；6—刹车固定座；7—拉杆头；8—刹车中间座；9—刹车座摇臂；10—花篮螺栓背帽；11—花篮螺栓；12—（纵、横）拉杆；13—拉杆头；14—摇臂销；15—刹车摇臂；16—弹簧；17—刹车拉销；18—刹车蹄扶正圈；19—刹车固定螺栓；20—刹车轮；21—刹车片；22—刹车蹄中心轴；23—刹车蹄；24—凸轮

孔中的位置可以获得抽油机不同的冲程长度。

横梁与连杆有两种结构。一种是横梁与连杆在一起，它具有连接件少，结构简单的特点，主要用于小型抽油机。这种抽油机通过改变后臂长度来调节冲程长度。另一种结构是单独横梁，常见的一般中、重型抽油机都采用这种结构。横梁通过尾轴承座安装于游梁尾部，横梁的两端和连杆相连。尾轴承座内装有向心球面滚子轴承，调心性能很好，提高了抽油机的装配精度。这种结构的抽油机通过改变曲柄和连杆的连接点位置来调节冲程长度。

(10) 尾轴承。

尾轴承起着将尾梁和游梁相连的作用，使游梁上下运动摩擦减小而且较轻便。

(11) 底座。

底座的主要作用是担负起抽油机全部重量。下部与水泥混凝土的基础由螺栓连接成一体；上部与支架、减速箱由螺栓连接成一体。由型钢焊接而成，是抽油机机身的基础部分。

(12) 减速箱筒座。

减速箱筒座的作用是固定减速箱，承担减速箱的重量并将减速箱提高使曲柄能够旋转。它由厚钢板焊接而成，与底座焊接在一起，顶面加工水平，并有螺栓孔与减速箱连接。高基础井无筒座，如 CYJ5–2712 型。

(13) 电动机座。

电动机座的主要作用是承载电动机的重量，并自成一体，与抽油机底座由螺栓连接。它上面有井字钢，由槽钢焊接而成。目的是为了调整电动机的前、后、左、右位置，保持电动机轮与减速箱轮的“四点一线”。

(14) 电动机。

电动机是动力的来源，一般采用感应式三相交流电动机。它固定在电动机座上由皮带传送动力至减速箱大皮带轮。前后对角上有两条顶丝可调节皮带的松紧度。

6) 平衡方式特点

游梁式抽油机的平衡方式有游梁平衡、曲柄平衡、复合平衡、气动平衡四种，而在煤层气排采中使用的抽油机主要采取游梁平衡和曲柄平衡两种方式。

(1) 游梁平衡。游梁的尾部装设一定重量的平衡块，平衡方式简单，适用 3t 以下的轻型抽油机。

(2) 曲柄平衡。将平衡块加在曲柄上，这种平衡方式减小了游梁平衡引起的抽油机摆动，调整比较方便，但曲柄上有很大的负荷和离心力。

2. 抽油泵

抽油泵也称深井泵。它是有杆机械采油的一种专用设备，泵在油井井筒中动液面以下一定深度，依靠抽油杆传递抽油机动力，将井液体抽采出地面。

1) 型号

国家标准抽油泵的型号表示方法如图 3.9 所示。

2) 分类

抽油泵根据油井的深度、生产能力、井液性质不同，需要不同结构类型的抽油泵。目前国内各油田采用的抽油泵基本都是管式泵和杆式泵。

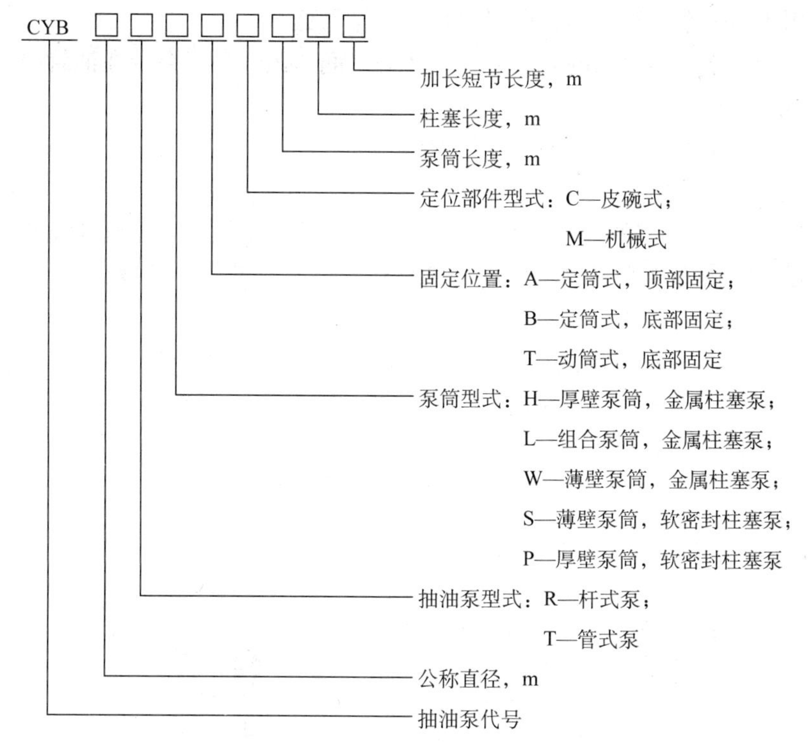

图 3.9　国家标准抽油泵的型号

（1）管式泵。

管式泵的结构特点是泵筒连接在油管下部，按阀的数目分为双阀管式泵和三阀管式泵。

①泵径较大，排量大，适用于产量高、油井较浅、含砂较多、气量较小的井；

②结构简单，加工方便，价格便宜；

③由于管式泵工作筒接在油管下端，检泵换泵需起油管，作业时间长。

（2）杆式泵。

杆式泵是把活塞、阀及工作筒装配成一个整体，可以用抽油杆直接起下。杆式泵的结构和管式泵相似，但它多一个外工作筒，外工作筒和油管连接，并带有卡簧和锥体座。内工作筒卡在卡簧处座在锥体座上，当活塞上下运行时，内工作筒固定不动，这样工作与管式泵相同。

①检泵方便，起出抽油杆即可起出泵；

②泵径小，适用于产量低的深井；

③泵在下井前，可以试抽，从而保证了质量；

④泵的结构较复杂，加工难度大，成本高；

⑤由于多一个外工作筒，所以泵径小，排量低；

⑥不能用于易出煤粉的井，内外工作筒之间易因煤粉将泵卡在油管内。

3）结构组成

(1) 管式泵的结构组成如图 3.10 所示。

①工作筒，由外管、衬套和压紧接箍组成，外管内装有多节同心圆柱管的衬套，上、下两端靠压紧接箍压紧，上接箍上连油管，下接箍下连进油设备。

②活塞，由无缝钢管制成的空心圆柱体，两头有螺纹，活塞外表面镀铬并有环状防砂槽。

③游动阀，也称排出阀，由阀球、阀座、开口阀罩组成。阀球座在阀座上，上有开口阀罩。单阀泵有一个游动阀，装在活塞上端；双阀泵有两个游动阀，分别装在活塞的上下端。

④固定阀，也称吸入阀，由阀座、阀球和开口阀罩组成。

(2) 杆式泵的结构组成如图 3.11 所示。

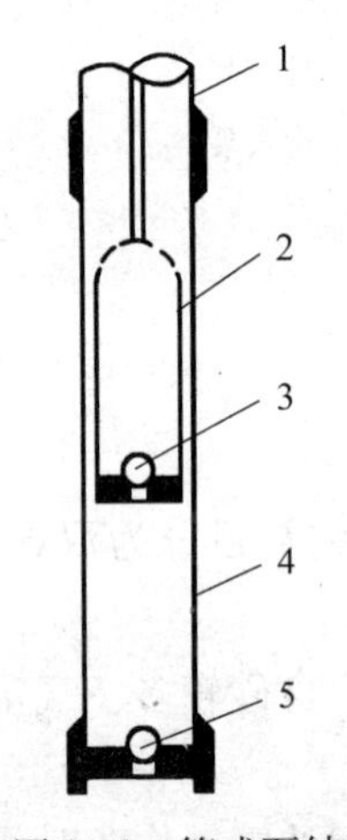

图 3.10 管式泵结构图

1—油管；2—柱塞；3—游动阀；4—泵筒；5—固定阀

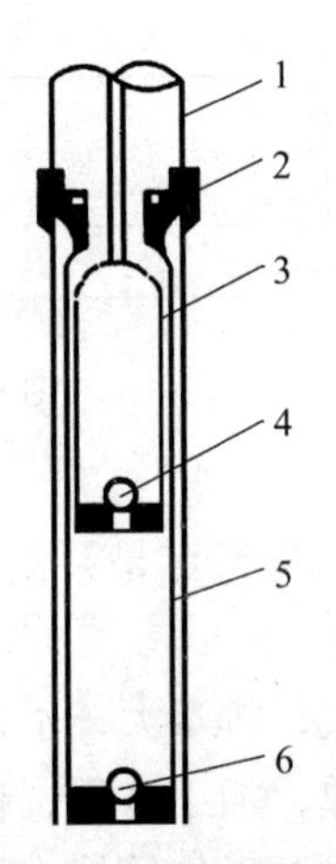

图 3.11 杆式泵结构图

1—油管；2—锁紧箍；3—柱塞；4—游动阀；5—泵筒；6—固定阀

杆式泵的主要组成部分与管式泵基本相同。其外工作筒由无缝钢管制成，装有锁扣卡簧和固定锥座；内工作筒与管式泵相比，直径小，上装有圆锥体，其固定阀直接装在内工作筒的最下端。

4）工作原理

当活塞上行时，游动阀受油管内活塞以上液柱的压力作用而关闭，并排出活塞冲程一段液体，固定阀由于泵筒内压力下降，被油套环形空间液柱压力顶开，井内液体进入泵筒内，充满活塞上行所让出的空间。

当活塞下行时，由于泵筒内液柱受压，压力增高，使固定阀关闭。在活塞继续下行中，泵内压力继续升高，当泵筒内压力超过油管内液柱压力时，游动阀被顶开，液体从泵筒内经过空心活塞上行进入油管。

在一个冲程中，深井泵应完成一次进液和一次排液。活塞不断运动，游动阀与固定阀不断交替关闭和顶开，井内液体不断进入工作筒，从而上行进入油管，最后达到地面。

5）理论排量和泵效

理论排量是指深井泵在理想情况下，每天排出的液量，在数值上等于全天时间所有活塞上移过程所让出的体积。其计算公式如下：

$$Q_{理}=1440A_p \times S \times n$$

式中 $Q_{理}$——深井泵理论排量，m^3/d；

A_p——柱塞横截面积，m^2；

S——冲程，m；

n——冲次，r/min。

泵效是指抽油机的实际产量与泵的理论排量的比值。

$$\eta=Q_{液}/Q_{理} \times 100\%$$

3. 抽油杆

抽油杆是有杆泵抽油装置中的一个重要组成部分。通过抽油杆柱将抽油机的动力传递到深井泵，使深井泵的活塞做往复运动。

1）技术规范

普通抽油杆主体是圆形断面的实心杆体，两端均有加粗的锻头，锻头上有连接螺纹和搭扳手用的方形断面。

普通抽油杆杆体公称直径常见有 16mm（5/8in）、19mm（3/4in）、22mm（7/8in）和 25mm（1in）四种，13mm 和 28mm 用得较少。

抽油杆的长度，除最常见的 8m 长的抽油杆外，还有为组合而特别加工的 1.0m、1.5m、2.5m、3.0m、4.0m 五种长度。抽油杆的基本结构如图 3.12 所示。

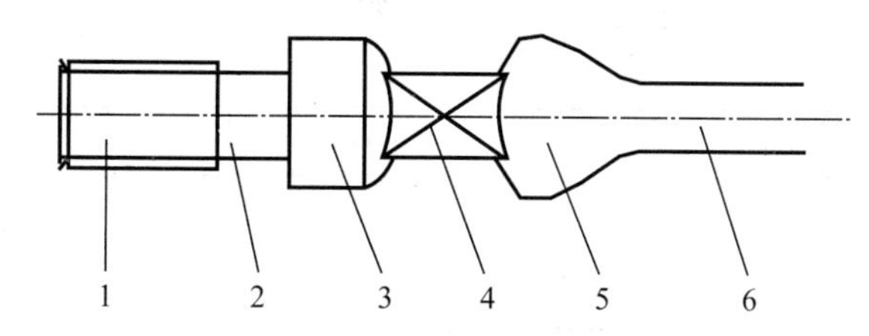

图 3.12　抽油杆结构示意图

1—外螺纹接头；2—载荷槽；3—椎承面台阶；4—扳手方径；5—凸缘；6—圆弧过渡区

2）符号意义

抽油杆符号的意义如图 3.13 所示。

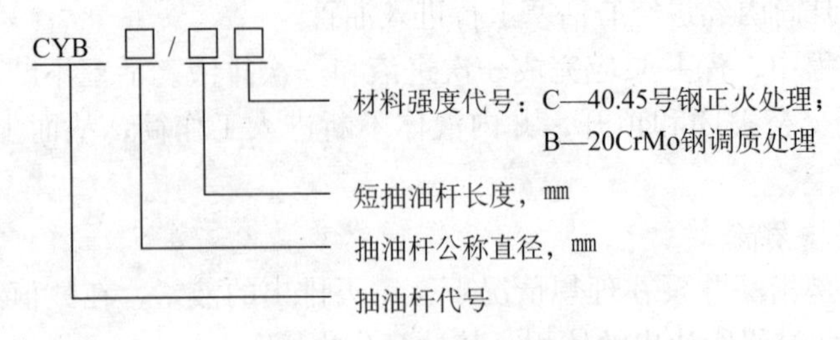

图 3.13　抽油杆符号示意

例如，CYG25/1500C 表示该抽油杆杆体公称直径为 25mm，短抽油杆长度为 1500mm，其材料强度为 40.45 号钢正火处理。

抽油杆的材料及机械性能如表 3.1 所示。

表 3.1　抽油杆的材料及机械性能

等级	材料	抗拉强度 σ_b MPa	屈服点 σ_s MPa	伸长率 σ %（200mm）	收缩率 ψ %	冲击韧性 Z 型
K	镍钼合金钢	588 ~ 794	⩾ 372	⩾ 13	⩾ 60	⩾ 115.8
C	碳钢或锰钢	620 ~ 794	⩾ 412	⩾ 13	⩾ 50	⩾ 81.3
D	碳钢或合金钢	794 ~ 965	⩾ 620	⩾ 10	⩾ 50	⩾ 60.8

常用抽油杆数据如表 3.2 所示。

表 3.2　常用抽油杆数据

型号	公称直径 mm	截面积 cm^2	每米抽油杆质量（带接箍），kg			
			在空气中	在相对密度 0.80 的原油中	在相对密度 0.86 的原油中	在相对密度 0.90 的原油中
CYG16	16	2.00	1.64	1.47	1.46	1.45
CYG19	19	2.85	2.30	2.05	2.04	2.00
CYG22	22	3.80	3.07	2.75	2.73	2.72
CYJ25	25	4.91	4.17	3.74	3.71	3.70

3）传递动力过程中承受的载荷

在传递动力的过程中，抽油杆的负荷因抽油杆柱的位置不同而不同，上部的抽油杆负荷大，下部的抽油杆负荷小。抽油杆的负荷通常有下列几种：

（1）抽油杆本身重量；

（2）油管内柱塞以上液柱重量；

（3）吸入压力及井口回压；

（4）抽油杆与液柱的惯性力；

（5）由于抽油杆的弹性而引起的振动力；

（6）由于液体和活塞运动不一致或泵未充满等因素引起的冲击载荷；

（7）柱塞与泵筒和衬套、抽油杆与油管、抽油杆与液柱、油管与液柱之间的摩擦力。

4）材料

国产抽油杆有两种：一种是碳钢抽油杆，另一种是合金钢抽油杆。碳钢抽油杆一般是用 40 号优质碳素钢制成；合金钢抽油杆一般用 20 号铬钼钢或 15 号镍钼钢制成。

5）光杆的作用

光杆是连接在抽油杆柱顶端的一根特制实心钢杆。

（1）通过光杆卡子把整个抽油杆柱悬挂在悬绳器上；

（2）光杆和井口密封填料配合密封井口。

光杆由于处在抽油杆柱的最顶端，所受载荷最大。加上光杆卡子卡在光杆上，所受应力特别集中，所以制造光杆的材料是高强度的 50 号、55 号优质碳素钢。

二、螺杆泵排水采气

螺杆泵是一种新型采液装置，在国内已广泛用于浅煤层气排水采气作业。电动螺杆泵排水采气系统按不同驱动型式分为地面驱动和井下驱动两大类，这里只介绍地面驱动井下螺杆泵。

1. 电动螺杆泵装置及原理

根据地面驱动螺杆泵的传动形式可分为皮带传动（图 3.14）和直接传动两种，其系统组成主要包括地面驱动部分、井下螺杆泵部分、电控部分、配套工具及其他井下管柱等。

1）地面驱动部分

地面驱动部分包括减速箱、皮带传动、电动机、密封盒、支撑架、方卡子等。

地面驱动装置是螺杆泵采油系统的主要地面设备，是把动力传递给井下螺杆泵转子，实现抽汲原油的机械装置。

（1）减速箱，其主要作用是传递动力并实现一级变速。它将电动机的动力由输入轴通过齿轮传递到输出轴，输出轴连接光杆，由光杆通过扭矩杆将动力传递到井下螺杆泵转子。减速箱除了具有传递动力的作用外，还将抽油杆的轴向负荷

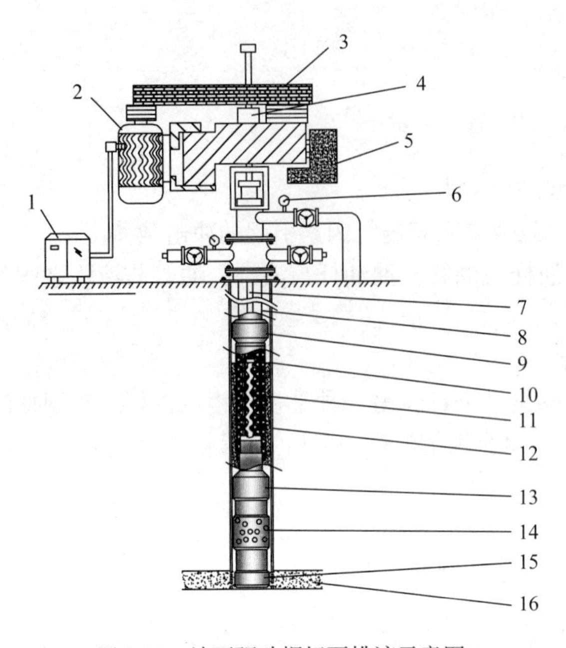

图 3.14　地面驱动螺杆泵排液示意图

1—控制柜；2—电动机；3—皮带；4—方卡子；5—平衡重；6—压力表；7—扭矩杆；8—油管；9—扶正器；10—动液面；11—螺杆泵；12—套管；13—扭矩锚；14—筛管；15—丝堵；16—煤层

传递到采油树上。

(2) 电动机，是螺杆泵的动力源，将电能转化为机械能，多采用防爆型三相异步电动机。

(3) 密封盒，主要作用是密封井口，防止井液流出。

(4) 方卡子，主要作用是将减速箱输出轴与光杆连接起来，同时承受光杆及扭矩杆的重量。

2）井下螺杆泵部分

井下螺杆泵部分主要由扭矩杆、接头、转子、导向头和油管、接箍、定子、尾管等组成。

3）电控部分

电控部分包括电控箱、电缆等。电控箱是螺杆泵井的控制部分，控制电动机的启、停及转速调整。该装置能自动显示、记录螺杆泵井正常生产时的电流、累计运行时间及故障记录等，有过载、欠载保护功能，确保生产井的正常生产。

4）配套工具及其他井下管柱

配套工具及其他井下管柱包括常规及简易井口装置、专用井口、正扣及反扣油管、实心及空心抽油杆、管杆扶正器、抽油杆防倒转装置、油管防脱装置、防抽空装置等。

(1) 专用井口，简化了采油树，使用、维修、保养方便，同时增加了井口强度，减少了地面驱动装置的振动，起到保护光杆和更换密封盒时密封井口的作用。

(2) 特殊光杆，强度大，防断裂，光洁度高，有利于井口密封。

(3) 抽油杆扶正器，避免或减缓抽油杆与油管的磨损。

(4) 油管扶正器，减小油管柱振动和磨损。

(5) 抽油杆防倒转装置，防止抽油杆倒扣。

(6) 油管防脱装置，防止油管脱落。

(7) 防抽空装置，安装井口流量式或压力式抽空保护装置可有效地避免因地层供液能力不足造成的螺杆泵损坏。

2. 螺杆泵的采油原理

地面电源由配电箱供给电动机电能，电动机把电能转换为机械能并通过皮带带动减速装置启动光杆，进而把动力再通过光杆传递给井下螺杆泵转子，使其旋转给井筒液加压举升到地面，它的特点是流量较均匀。

3. 电动螺杆泵的特点

螺杆泵是一种容积式泵，它运动部件少，没有阀件和复杂的流道，排量均匀。钢体转子在定子橡胶衬套内表面运动带有滑动和滚动的性质，使油液中砂粒不宜沉积，同时转子与定子间容积均匀变化而产生的抽吸、推挤作用使油气混输效果好。

优点：一是节省投资；二是地面装置结构简单，安装方便；三是泵效高、节能，管理费用低；四是适应性强，可举升稠油；五是适应高含砂量、高含气井。

缺点（电动螺杆泵的局限性）：一是定子寿命短，检泵次数多；二是泵需要润滑；三是操作技术要求较高；四是管杆受井身质量影响易偏磨断脱；五是地面驱动螺杆泵一般用于直井，有局限性。

4. 螺杆泵的理论排量

螺杆泵的理论排量是由螺杆泵的外径、转子偏心距、定子导程及其转速决定的，计算公式：

$$Q=5760\times e\times D\times T\times n$$

式中 e——转子偏心距，m；

D——螺杆（转子）外径，m；

T——定子导程，m；

n——转速，r/min；

Q——螺杆泵的理论排量，m^3/d。

现场使用的理论排量计算公式：

$$Q=1440\times K\times n$$

式中 K——每转理论排量（厂家提供），m^3/r；

n——转速，r/min。

三、电潜泵排水采气

电潜泵是机械开采中相对排量较大的一种无杆泵开采方式，它是将泵浸没在液体中，浸没在油中称电动潜油泵，浸没在水中称电动潜水泵，对于煤层气泵是浸没在水中。

1. 组成

1）电潜泵装置

电潜泵装置由三大部分组成，如图 3.15 所示。

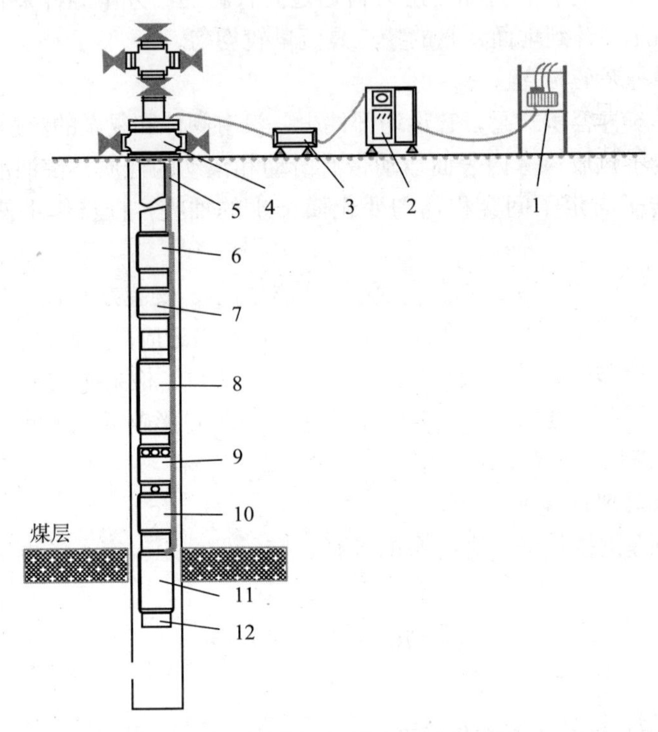

图 3.15 电动潜油泵装置组成示意图

1—变压器；2—控制屏；3—接线盒；4—井口（特殊采油树）；5—电缆（动力线）；6—卸压阀也称泄油阀；7—单流阀；8—多级离心泵；9—气液分离器；10—保护器；11—潜水电动机；12—测试装置

（1）井下部分：包括多级离心泵、潜水电动机、保护器、气液分离器。

（2）中间部分：包括电缆。

（3）地面部分：包括变压器、控制屏、接线盒。

2）电潜泵各装置作用及特点

（1）潜水电动机。

潜水电动机是机组的动力设备，是将地面输入的电能转化为机械能，进而带动多级离心泵高速旋转，它位于井内机组最下端。

（2）多级离心泵。

多级离心泵是给井液增加压头并举升到地面的机械设备，它由转动部分（轴、键、叶轮及轴套等）和固定部分（导壳、泵壳、轴承外套等）两部分组成。

（3）保护器。

保护器安装在潜水电动机的上部，用于保护潜水电动机，潜水电动机虽然结构上与地面电动机基本相同，但它在井下工作的环境比较恶劣（油、气、水压力、温度等），因此对密封要求高，以保证井液不能进入电动机内。此外，还要补偿电动机内润滑油的损失、平衡电动机内外腔的压力、传递扭矩。

（4）气液分离器。

气液分离器是使井液通过时（在进入多级离心泵前）进行气液分离，减少气体对多级离心泵特性的影响。目前使用的气液分离器有沉降式和旋转式两种。

（5）控制屏。

控制屏是电潜泵机组的专用控制设备，电潜泵机组的启动、运转和停机都是依靠控制屏来完成的。

控制屏主要由主回路、控制回路、测量回路三部分组成。其功能是：能连接和切断供电电源与负载之间的电路；通过电流记录仪，把机组在井下的运行状态反映出来；通过电压表检测机组的运行电压和控制电压；有识别负载短路和超负荷来完成机组的超载保护停机功能；借助中心控制器，能完成机组的欠载保护停机；还能按预定的程序实现自动延时启动；通过选择开关，可以完成机组的手动、自动两种启动方式；通过指示灯可以显示机组的运行、欠载停机、过载停机三种状态。

（6）接线盒。

接线盒是用来连接地面与井下电缆的，具有方便测量机组参数和调整三相电源相序（电机正反转）功能，还可以防止井下天然气沿电缆内层进入控制屏而引起的危险。

（7）电缆。

电缆是为井下潜水电动机输送电能的专用电线，主要由导体、绝缘层、护套层等组成。从外形上看，可分为圆电缆（圆形）和扁电缆（扁形）两种。为了适应恶劣的工作环境，潜水电缆长度可由几百米到几十米，耐高温、高压，终端有与电动机插配的特殊密封头电缆头。靠近电动机一般是小扁（扁形），使用镀银的接头。

（8）单流阀。

单流阀用来保证电潜泵在空载情况下能够顺利启动；停泵时可以防止油管内液体倒流导致电潜泵反转。

（9）卸压阀（泄油阀）。

卸压阀是在修井作业起泵时，剪断其阀芯（投入工具砸断的），使油管与套管连通便于作业。

2. 工作原理

电潜泵井的工作原理：地面控制屏把符合标准电压要求的电能，通过接线盒及电缆输给井下潜水电动机，潜水电动机再把电能转换成高速旋转的机械能传递给多级离心泵，从而使经气液分离器进入多级离心泵内的液体被加压举升到地面。与此同时井底压力（流压）降低，地层液进而流入井底。

第二节　煤层气井排水采气机理

煤层气开采机理与常规的油气开采有本质不同。煤层气存在有三种状态，即游离状态、吸附状态和溶解状态。游离气和溶解气比例较小，煤层气多以吸附状态存在，且与地层水共存。煤层气从孔隙壁面上、基质、微孔表面解吸下来之后，才能被开采。煤层气开采需要经过排水降压——解析——扩散——运移——采气的过程。煤层气井的生产是通过抽排煤储层的承压水，降低煤储层压力，促使煤储层中吸附的甲烷解吸的全过程。即通过排水降压，使得吸附态甲烷解吸为大量游离态甲烷并运移至井口。这是目前唯一可以使用的方法，因此，通过抽排地层中的水，降低煤层压力是煤层气井采气的关键。

煤层段地层含水为承压水。煤层气井排采前，井中液面的高度即为煤层中地下水的水头高度，此时不存在压力差，地下水系统基本平衡，没有地下水的流动。当煤层气井开始排采后，井筒中的液面下降，在煤层气井筒和煤层中形成压力差，地下水从压力高的地方流向压力低的地方，因此煤层中的地下水就源源不断地流向井筒中，使得煤层中的压力不断下降，并逐渐向远方扩展，最终在以井筒为中心的煤层段形成一个水头压降漏斗，并随着抽水的延续该压降漏斗不断扩大和加深。当煤层的出水量和井口产水相平衡时，形成稳定的压力降落漏斗，压降漏斗不再继续延伸和扩大，煤层各点储层压力也就不能得以进一步降低。

一、煤层气单井的排采机理

根据水流的状态和压力降落漏斗随时间延续的发展趋势，可以将煤层气单井的排采状况分为以下几种情况。

1. 形成稳定的压力降落漏斗

1）煤层存在补给边界

压力降落漏斗随着排采的继续在煤层中不断扩展，当其遇到张性断层时，若该断层与地表水或其他地下水层相沟通，则这些水系的水就会通过断层补给煤层。当补给量与抽出量相当时，压力降落漏斗达到稳定，煤层甲烷解吸停止，如图3.16所示。

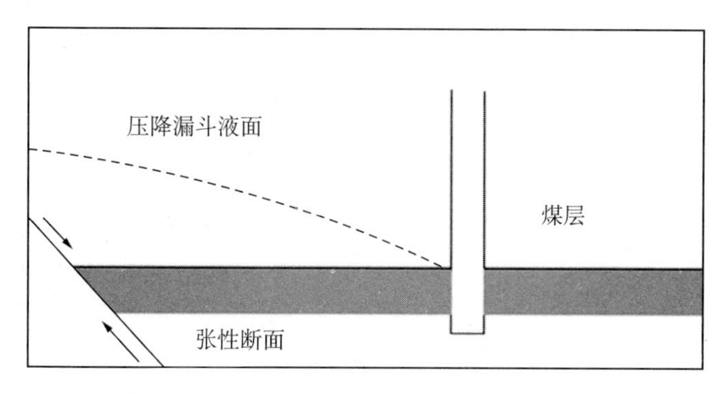

图 3.16　煤层存在补给边界

2）煤层存在越流补给

存在越流补给情况下煤层的顶板或底板为弱透水层，且其相邻的地层为含水层。煤层中压力的降低使得临近含水层中的地下水通过顶板或底板补给煤层。煤层压力降落漏斗的扩大使得补给量不断增加，当补给量与抽出量相当时，降落漏斗达到稳定，不再扩展，煤层甲烷解吸停止，如图 3.17 所示。

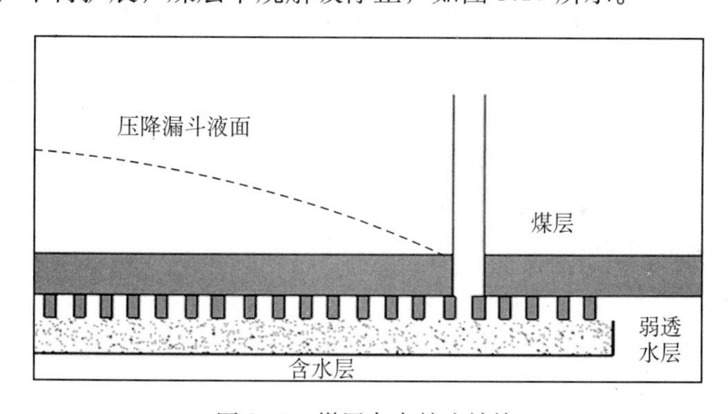

图 3.17　煤层存在越流补给

2. 降落漏斗不断扩展

煤层的一侧或多侧存在隔水边界（如逆断层、推覆断层等），降落漏斗发展至该隔水边界时，由于隔水边界无法补给或补给量小于抽出量，此时隔水边界方向的降落漏斗不再向远处发展，但迅速加深，使该处的煤层压力快速下降，甲烷大量释放，井口表现为产气量大增。直至该处的煤层压力降低，导致越流补给或其他方向的煤层水补给增强到补给量和抽出量相等时，地层压力趋于稳定。若煤层周围都为隔水边界且无越流补给，煤层压力将最终接近井底压力，整个系统压力平衡如图 3.18 所示。

3. 降落漏斗不断扩展，但扩展趋于稳定

这种情况下的地层条件是煤层无越流补给，且煤层水平无限延伸（附近无补

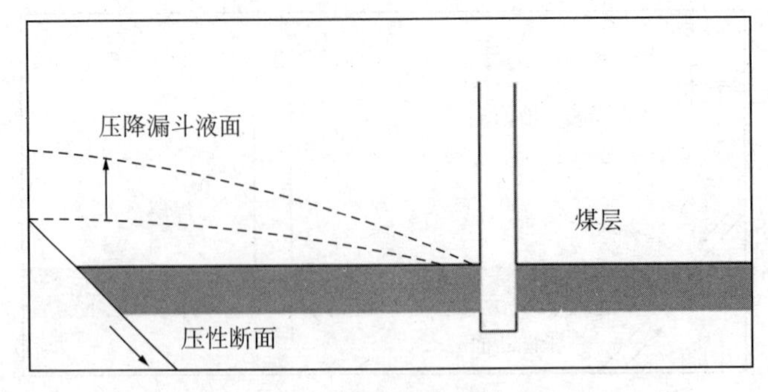

图 3.18　降落漏斗不断扩展

给边界或给水边界）。随着抽水的延续，煤层中的压力降落漏斗不断扩大和加深，但其扩展速度变慢，逐渐趋于稳定。大多数的煤层气井属于这种情况。

1）初期定流量排水阶段

煤层气井抽排初期，抽出的水量依泵的排量而定，此时抽出的水量是一定的，但井中的液面不断下降，这在物理因素上是由于压力降落漏斗的扩大，使得汇水面积增加而引起的。因此，这一阶段煤层压力降落漏斗的变化也逐渐增大，但增大的速度逐渐变缓。煤层气井井口表现为产水量稳定，产气量逐渐增加。

2）定降深排水阶段（定降井底压力）

煤层气井中的液面是不能无限下降的，当液面降低到接近抽排煤层时，降深就无法再继续下去，此时煤层气井进入定降深排采阶段。由定流量阶段转入定降深排水阶段的时间主要取决于煤层的渗透系数和井壁的污染程度，渗透性差、井壁污染严重的煤层气井排采开始后很快进入定降深排水阶段。此时井口产水量逐渐降低，产气量由于降落漏斗的缓慢发展仍在继续，但煤层甲烷释放速度缓慢，产气量小，且逐渐降低。

这一阶段由于降落漏斗的扩展，汇水面积不断增大，使得漏斗远处平缓，即只有井口附近的煤层压力降幅较大，而远离井口的大部分煤层的压力降幅较小。由于煤层降压初期的压降引起的甲烷解吸量远小于后期相同压降所引起的甲烷解吸量，因此该阶段虽然井口仍然产气，但大部分煤层的甲烷并没有被解吸出来，且存在解吸逐渐减缓的趋势。

在实际具体情况中，各单井的情况可能相对复杂。空间上的地层形式可能是上述几种情形的组合。例如，一侧为补给边界，另一侧为无补给水平无限延伸的煤层；一侧为补给边界，另一侧为隔水边界等形式。在时间上，随着抽水的延续，煤层压力逐渐降低，其与邻近含水层的压力差逐渐增大，原本隔水的断层可能发展成为弱透水断层或透水断层，原本无补给的邻近含水层也可能形成越流补给（隔水和透水、有或无越流补给都是相对的）。煤层的压力降低是一个动态过程，系统中的各项条件和因素都可能随时间的变化而发生变化。

二、煤层气井群的排采机理

煤层气井的商业生产是利用井群抽水降压，而不是单独地利用一口或几口井来降压的。一定范围内的两口或两口以上抽水生产井称为井群或井组。当井群中井与井之间的距离小于各井的影响半径时，彼此之间的流量和降深都要发生干扰。在承压含水层中，地下水的流动方程是线性的，可以直接运用叠加原理，即当两口井的降落漏斗随抽水的延续不断扩展至两个降落漏斗相互交接、重叠时，重叠处的压力降等于两个降落漏斗所形成的压力降之和。此时，井间干扰对煤层气井的排采具有促进作用，如图 3.19 所示。

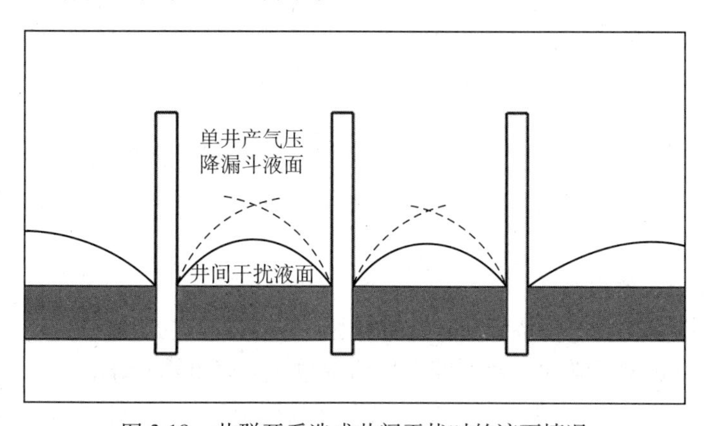

图 3.19　井群开采造成井间干扰时的液面情况

1. 产气速度

煤层气井两井间的煤层压力降幅由于压降的叠加而成倍增加，因此相对于单井来说，单位时间内的压力下降幅度大，煤层甲烷的解吸速度快，井口表现为一定时间内产出的甲烷气量多，即产气量高。

2. 总产气量

当两个降落漏斗相接时，双方就相当于分别遇到了前述的隔水边界。此时随着抽水的延续，压力降落漏斗不再在水平方向上扩大，而是在垂直方向上加深，最终使得两井间的煤层压力可以降到很低的程度。这将使得两井间范围内煤层中的大部分甲烷都解吸出来，使煤层气井的总产气量增大。

当一口井的周围都存在抽水井时，其各个方向上的煤层压力都能得到充分的降低，该井控制范围内的煤层甲烷也才能最大限度地解吸出来。有关井群排采机理虽然以单井排采机理为基础，但要比单井排采复杂得多，有待在今后的实践中进一步研究。

总之，在煤层地下水的运动过程中，只要存在压力差，就会引起整个系统的变化，直至压力趋于平衡为止，只有结合煤层气井的排采历史，通过系统全面的分析，才能真正了解煤层气井的排水采气情况，从而做出正确的解释和决策。

三、影响煤层气井排采效果的主要因素

1. 非连续性排采的影响

煤层气井的排采生产应连续进行，使液面与地层压力持续平稳得下降，如果因关井、卡泵、修井等造成排采终止，给排采效果带来的影响表现在：

(1) 地层压力回升，使甲烷在煤层中被重新吸附；

(2) 裂隙容易被水再次充填，阻碍气流；

(3) 回压造成压力波及的距离受限，降压漏斗难以有效扩展，恢复排采后需要很长时间排水，气量才能上升到排采前的状态。

2. 井底流压的影响

井底流压是反映产气量渗流压力特征的参数，制定合理的排采制度和进行精细的排采控制应该以井底流压为依据。较低的井底流压，有利于增加气的解析速度和解析气体量。

3. 排采强度的影响

煤层气排采需要平稳逐级降压，抽排强度过大带来的影响有：

(1) 易引起煤层激动，使裂隙产生堵塞效应，降低渗透率；

(2) 降压漏斗得不到充分扩展，只有井筒附近很小范围内的煤层得到了有效降压，少部分煤层气解吸出来，气井的供气源将受到严重的限制；

(3) 对于常规压裂的直井在排采初期如果在裂缝尚未完全闭合时，排采强度过大，导致井底压差过大引起支撑砂子的流动，使压裂砂返吐，影响压裂效果；

(4) 煤粉等颗粒的产出也可能堵塞孔眼，同时出砂、煤屑及其他腐蚀性颗粒也会影响泵效，并对泵造成频繁的故障，使作业次数和费用增加。

我国大多数煤层属于低含水煤层，因此排采速度一定要按照煤层的产水潜能，进行合理排水。

第三节　煤层气井常用术语

一、压力指标

煤储层压力（原始储层压力）是指煤储层孔隙内流体所承受的压力，常以 MPa 为单位。即煤层气被开采前（一般处于压力平衡状态），煤层中部流体所承受

的压力，也有人称它是被生产扰动之前储层中的压力。煤储层压力一般随煤层埋深增加而增高。对煤储层压力的研究有重要意义，它不仅对煤层含气量、气体赋存状态有重要影响，而且也是气体和水从裂隙流向井筒的能量。煤储层压力一般可通过试井测得，通常采用的方法是注水/压降法。在设计时间内，先向测试层段注入一定量的水，然后关井，压力降落，测得井底压力与时间的函数，根据压力曲线的外推法求得该储层压力。

煤层气临界解吸压力是指在煤层降压过程中，气体开始从煤基质表面解吸时所对应的压力值。按下列公式计算：

$$p_{cd}=V\times p_L/(V_L-V)$$

式中 p_{cd}——临界解吸压力，MPa；

V——实测含气量，m^3/t；

V_L——兰格缪尔体积，m^3/t；

p_L——兰格缪尔压力，MPa。

也可直接从吸附等温线上求取。对于气过饱和煤层只要煤储层压力下降，就有吸附气从煤层中解吸；对于气欠饱和煤层，需要降到临界解吸压力以下，才能有吸附气解吸。因此，可根据临界解吸压力和原始储层压力及其两者的比值来了解煤层气早期排采动态。临界解吸压力越接近于原始储层压力，在排水降压过程中，需要降低的压力越小，越有利于气体开采。

煤层气压力（煤层瓦斯压力）是指煤层孔隙内气体分子自由热运动撞击所产生的作用力，在一个点上力的各向大小相等，方向与孔隙的壁垂直。瓦斯压力的测定方法是：自井下巷道内打钻进入煤层，在钻孔中，密封一根刚性导气管，实测管内稳定的气压，即为瓦斯压力。煤层瓦斯压力大小受多种地质因素的影响，变化较大。在一个井田内的同一地质单元里，甲烷带的瓦斯压力通常随深度的增加而增大。煤层瓦斯压力是决定煤层瓦斯含量和煤层瓦斯动力学特征的基本参数。

煤储层压力梯度是指在单位垂直深度内，煤储层压力的增量。在地质构造和煤层赋存条件变化不大的情况下，可用下列公式求得煤储层压力梯度：

$$m=(p-p_o)/(H-H_o)$$

式中 p、p_o——分别为在深度 H、H_o 处的压力；

m——压力梯度；

H——距地表深度；

H_o——风化带深度。

井底压力指用压力计在煤层气井底中部（多为储层位置）测得的压力。

井口套压指油管与套管环行空间内，煤层气在井口的剩余压力，简称套压，用压力表录取。

井口压力指有泵排水后剩余在井口的压力，简称为油压，用压力表录取。

二、温度指标

储层温度，指煤层气井储层中部的温度。储层温度是煤层气井关井后用井底温度计下至储层中部测得，储层温度在开发过程中可以近似认为不变。

井底温度，指煤层气井正常生产时，井底也就是含煤层中部的温度。

井口气温，煤层气井正常排采时在井口油、套管环空处测得的煤层气的温度称为井口温度；气井关井后在井口油套环空测得的天然气温度称为关井井口温度。关井井口温度是个变数，初关井时温度高，随关井时间延长温度降低，最后等于大气温度，并随大气温度的变化而变化。

井口流动温度，指气井采气时在井口测得的天然气温度。

井筒平均温度，指气井井口温度与井底温度的算术平均值。

$$井筒平均温度 = (井口温度 + 井底温度) \div 2$$

井口水温，指煤层气井正常排采时在井口油管处测得的排出水的温度。

三、流量

工作流量，指气表终值与气表初值之差。

标准流量，指标准状况下的气体流量。

产气量，指单位时间内从煤层气井产出的气态物质的数量，常用单位为 m^3/d。

排水量，指单位时间内从煤层气井排出的液态水的数量，常用单位为 m^3/d。

气水比，指表示煤层气井产气量和排水量的比例数值。

四、储采比

储采比又称回采率或回采比，是指年末剩余储量除以当年产量得出剩余储量按当前生产水平尚可开采的年数。

储采比是指一个国家、一个地区或一个油气田，在某年份剩余的可采储量与当年年产量的比值。通过储采比可以分析、判断油气田所处的开发阶段、稳产状况及其资源保证程度。如果储采比过大，会形成资金以储量存在的形式积压，储采比过小，产量保证程度低。

采储比是资源开采与储量比率，采储比是反映矿产资源利用情况的指标，它是当年开采量与剩余储量的比例。

五、采气速度和采出程度

1. 采气速度

采气速度，是指一年采出的气量与可采储量之比。这一指标反映采出储量的快慢，它根据国家对煤层气的需求及煤层气藏的性质来决定。

2. 采出程度

采出程度，是指煤层气藏到某个时刻采出的气量总和与可采储量之比。

六、采收率

煤层气采收率，是指在某一经济界限内，在现代工艺技术条件下，可以从煤层气藏的原始地质储量中开采出来的气量的百分数。

采收率是衡量开发水平高低的一个重要指标。采收率的高低与许多因素有关，不但与储层岩性、物性、非均质性、流体性质以及驱动类型等自然条件有关，而且也与开发气田时所采用的开发系统（即开发方案）有关。同时油气销售价格和地质储量计算准确程度对采收率也有很大影响。

复习思考题

1. 试述螺杆泵的工作原理。
2. 试述电潜泵装置的组成。
3. 试述抽油机的结构组成。
4. 试述抽油机的工作原理。
5. 试述抽油机的型号意义。
6. 试述抽油泵的分类、结构组成。
7. 试述抽油泵的工作原理。
8. 流量指标都有哪些？
9. 储层温度是什么？
10. 什么是采气速度？
11. 什么是采出程度？
12. 煤层气的排采机理是什么？

第四章　煤层气井增产技术

我国煤层的特点使得在开采煤层气时存在单井产量低、经济效益差的普遍情况。通过文献调研，可以把我国煤层气藏的特点概括为以下几个主要方面：

（1）低压、低饱和、低渗。我国煤层气藏普遍存在低压（压力系数小于 0.8）、低饱和度（小于 70%）、低渗透的特征。煤层的渗透率一般为（0.001 ~ 0.1）×10^{-3}μm^2，国内渗透率最大的煤层也仅为（0.54 ~ 3.8）×10^{-3}μm^2，其渗透率比美国煤层的渗透率低 2 ~ 3 个数量级。

（2）非均质性强。我国大部分煤层气藏均具有非均质性，使得井筒影响范围特别小，从而使井网整体降压的作用难以发挥。

（3）高煤阶气。据估计，我国的高煤阶煤层气资源占总资源的 27.6% 以上。在理论上，这些煤层不具有产气的能力，但实际上在沁水盆地的无烟煤中取得的单井和小型开发试验区的产气突破，已证明高煤阶气也是一个重要的煤层气开发目标。但是，高煤阶气具有低渗和难脱附的特点，限制了目前常规开采技术的应用。

由于我国煤层气藏具有以上特点，如果只采用抽排煤层中的承压水来降低煤层压力的方法，使煤层中吸附的甲烷气释放出来，而不采取其他任何增产措施，不仅会使煤层气单井产量较低，而且目前许多井将失去开采的价值。因此，为了提高煤层气单井的产量，获得经济产量，采取了改善煤层天然裂隙系统和疏通煤层裂隙与井筒联系的工艺技术，或其他提高产能的措施。最常用的增产措施是水力压裂，其他措施还有氮气泡沫压裂、二氧化碳泡沫压裂、酸处理、注入氮气或二氧化碳驱替等。水平井、羽状水平井、造洞穴等既是完井方式，也是增产措施。因本书主要是为排采工培训而编写，所以本章内容主要以介绍增产相关技术原理为主，工艺部分不属于排采工应掌握的内容，在此不再赘述。

第一节　煤层气井压裂技术

一、煤层气井水力压裂技术

水力压裂技术是一种广泛应用于常规油气井的增产措施，该技术较成熟。它采用地面高压水力压裂泵车，以高于储层吸入的速度，从井的套管或油管向井下注入压裂液，当井筒的压力增高，达到克服地层的地应力和岩石抗张强度时，岩石开始出现破裂，形成一条或数条裂缝。为了使停泵后裂缝不完全闭合，保持较高的导流能力，在注入压裂液的同时注入大颗粒的固体支撑剂（石英砂或陶粒砂），并使之留在裂缝中，以保持裂缝内高的渗透率，从而扩大油气井的有效井径、减小油气流入井底的阻力，达到增产的目的。

煤层气井的水力压裂技术是从常规油气井压裂技术借鉴而来，但是煤层压裂和常规砂岩压裂有很大区别，这主要是由煤层的性质决定的。煤层在进行压裂时，由于煤层杨氏模数低、压缩性大、天然裂缝发育，因此在压裂时，会出现压裂液滤失量大，形成的人工裂缝往往是宽缝、短缝，而且不规则。故在对煤层压裂施工时，一般要求排量高、前置液量高，以确保施工能顺利进行。

1. 增产机理及作用

水力压裂改造技术是开采煤层气的一种有效的增产方法。它应用于煤层气增产的主要机理为：通过高压驱动水流挤入煤中原有的和压裂后出现的裂缝内，扩宽并伸展这些裂缝，进而在煤中产生更多的次生裂缝与裂隙，增加煤层的透气性。通过对煤层进行水力压裂，可产生有较高导流能力的通道，有效地连通井筒和储层，以促进排水降压，提高产气速度，这对低渗透煤层中开采煤层气尤为重要；可消除钻井过程中钻井液对煤层的伤害，这种地层伤害可急剧降低储层内部的压降速度，使排水过程变得缓慢，影响煤层气的开采。

目前，水力压裂改造措施是国内外煤层气井增产的主要手段。在美国 90% 以上的煤层是通过水力压裂改造的，经压裂后的煤层，其内部可出现众多延伸很远的裂缝，使得在井中抽气时井孔周围出现大面积的压力下降，煤层受降压影响产生气体解吸的表面积增大，保证了煤层气能迅速并相对持久地漏放，其产量较压裂前增加 5 ～ 20 倍，增采效果非常显著。水力压裂改造技术在我国也得到了很好的应用。目前几乎所有产气量在 1000m^3/d 以上的煤层气井都经过压裂改造。

煤层水力压裂的作用：消除近井地带污染；沟通煤层天然裂缝；增加煤层气透气性；促进排水降压加快煤层气解析速度；扩大井筒压力降的幅度。

2. 煤层压裂裂缝形态及产生条件

对于煤层气，增产措施是必要的手段，水力压裂根据具体地质条件的不同，将产生四种不同的人工裂缝形态：

1）浅煤层中的水平裂缝

这种情况最小应力是垂直方向的，因此水力裂缝最初是水平板状或平行于煤层的，如图 4.1 所示为浅煤层中的水平裂缝形态。

2）同一深度范围内的多层、薄煤层将产生单一垂直裂缝

多层、薄煤层中单一垂直裂缝的发育情况类似于层状碎屑岩或碳酸盐岩储层，

但由于煤层的裂隙系统发育，使滤失量增大。在施工中，当裂缝高度快速增长时，射孔位置通常不是关键因素，图 4.2 显示出典型裂缝形态，并表明三个煤层均被射开。

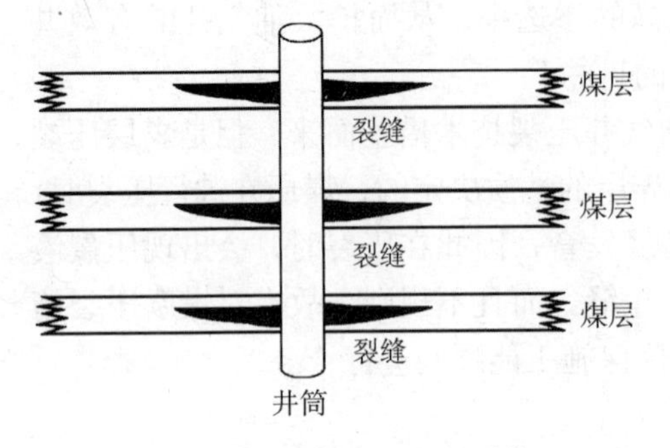

图 4.1　浅煤层中的水平裂缝

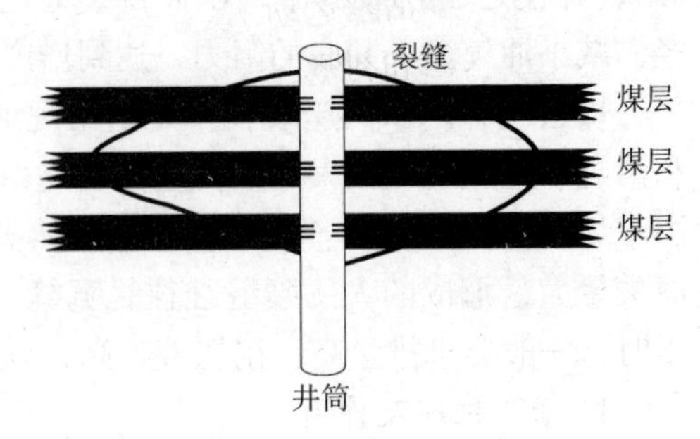

图 4.2　多层、薄煤层中的垂直裂缝

3）单一厚煤层中的复杂裂缝系统

这种情况是煤层压裂特有的，在施工过程中的最大特点是较高的施工压力，并且增长很快，一直到施工结束。在这种情况下一般很难加入大量的支撑剂。施工压力高的原因主要是多条垂直裂缝或是近井地带的“T”形缝造成的，如图 4.3 所示。

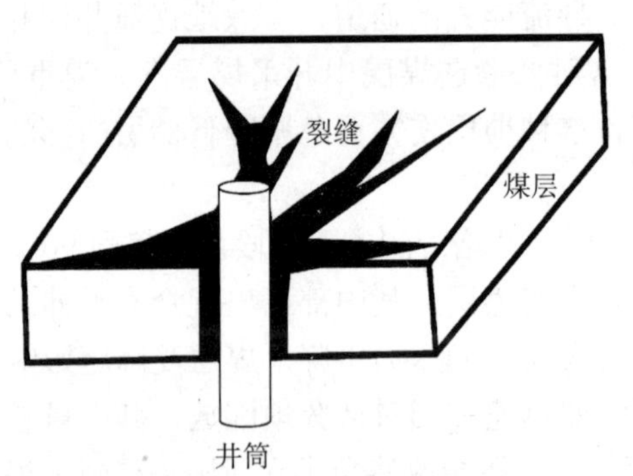

图 4.3　单一煤层中的复杂裂缝

4）厚煤层中的复杂裂缝延伸到围岩中

这种情况包括了第一种和第三种情况，因此它包括了前述所有的裂缝几何形状。超压的增长起源于复杂的裂缝形状，垂直裂缝部分可以开始在围岩中。如果产生这种现象，液体流入围岩层会在煤层中产生裂缝，减小缝宽。如果在垂直缝开始产生时，即泵入高砂比的携砂液，就会导致脱砂。对于这种情况，施工必须要准备超量的压裂液，如果裂缝垂直部分开始延伸，就要重新打前置液，如果重新注入了前置液，则必须注入足够的量来扩张裂缝，使裂缝足够大，然后再加入支撑剂。

3. 技术特点

煤层水力压裂技术发展比较早，有比较成熟的现场施工经验，而且技术成本较低。但这种技术在煤层气生产实践中也存在一些问题：

(1) 由于煤层具有很强的吸附能力，吸附压裂液后会引起煤层孔隙的堵塞和基质的膨胀，从而使割理孔隙度及渗透率下降，且这种降低是不可逆的，因此，目前国内外在压裂改造技术中，开始使用大量清水来代替交联压裂液，以预防其伤害，但其造缝效果受到一定的影响。

（2）由于煤岩易破碎，因此，在压裂施工中，由于压裂液的水力冲蚀作用及与煤岩表面的剪切与磨损作用，煤岩破碎产生大量的煤粉及大小不一的煤屑，不易分散于水或水基溶液，从而极易聚集起来阻塞压裂裂缝的前缘，改变裂缝的方向，在裂缝前缘形成一个阻力屏障。

由以上分析可以看出，水力压裂技术适用于煤层比较坚硬的情况。如要用于较软的孔隙裂隙储层，必须对压裂液进行特殊处理。由此看来，新型水力压裂改造技术压裂材料的研究是压裂技术的关键，是今后发展压裂改造技术的一个重要方面。

二、煤层气井 CO_2 泡沫压裂技术

尽管应用水力压裂工艺技术对煤层进行强化改造，取得了一定的效果，但是由于煤层的特殊物理性质，部分实施的常规水力压裂技术增产效果不理想，因此，寻找更有效的煤层强化增产技术显得十分重要。经过近几年的探索和研究，认为利用 CO_2 泡沫压裂工艺技术可以有效地改善煤层的原始结构，提高煤层的有效渗透率，促进甲烷的解吸，增加煤层气井的产能，提高煤层气开发的经济效益和社会效益。

压裂液中混入一定量的 CO_2 后，在泵注过程中仍然是液态体系。当压裂液进入煤层以后，由于热交换作用和表面活性剂的作用，部分 CO_2 将变为气体而分散于液体中，从而能够有效降低压裂液的滤失，提高压裂液造缝和携砂能力，使压裂的有效缝长更长、更宽，支撑裂缝具有更高的导流能力。同时溶于水的 CO_2 能够使压裂残液保持较低的 pH 值，防止次生沉淀物的生成。另外，水溶性 CO_2 液体具有较低的表面张力，利于压裂残液的返排。更重要的是 CO_2 由液态变为气态体积迅速增大，在煤层中起到增能作用，利用这种作用可以使压裂残液迅速得到返排，缩短排液时间，减少煤层伤害，提高压裂效果。

20 世纪 90 年代，斯伦贝谢公司将 CO_2 泡沫压裂工艺技术成功地应用于煤层改造，使一批低产煤层气井的产量得到大幅度的提高，为煤层气的开发提供了强有力的支持。我国的煤层气储层多为低压低渗储层，且含有一定的黏土矿物，从 CO_2 泡沫压裂技术的特点来看，该项技术应比较适宜于煤层气储层。但由于 CO_2 的相态变化特征，决定了 CO_2 泡沫压裂技术在煤层气井中的应用具有一定的局限性，选用 CO_2 泡沫压裂的煤层温度应在 40℃以上，并应尽量降低成本。

第二节　煤层酸化处理

酸化处理是常规油气开发中常用的一种强化措施。它是在低于地层破裂压力下将一种反应液体——盐酸、硫酸、氢氟酸、有机酸等注入到煤储层中，酸液可将储层中的一些矿物质溶解，从而增加其渗透性。

在河南焦作、山西晋城这样的无烟煤发育区，煤层的含气量较高，且一部分地区为原生结构煤或碎裂煤，煤层气的开发潜力极大。在焦作以往的煤层气勘探开发中，基本上都采用了压裂强化处理，排采结果表明排水量极大，很难将压力降低。可能是由于无烟煤的力学性质与顶底板的岩石比较接近，压裂时低压无法使煤中的裂隙开启、延伸，高压就有可能沟通煤层与其顶底板的含水层，从而造成强化失败。但仔细观测煤储层就会发现，尽管处于高变质无烟煤阶段，煤中的内生裂隙还没有完全闭合，一般为 5 条 /5cm 左右，但这些裂缝基本上均被方解石充填，甚至一部分外生裂隙也被方解石充填。针对这一情况，采用酸化法处理比压裂有一定的优越性。采用盐酸或硫酸溶解裂隙中的方解石，使裂隙开启，达到增加储层渗透性的目的，从而避免压裂处理沟通顶底板含水层的可能性。如果采用盐酸，其化学反应式为：

$$CaCO_3+2HCl \longrightarrow CaCl_2+CO_2\uparrow+H_2O$$

酸化处理采用的酸的类型、浓度和处理压力、温度要视具体条件而定。它仅适用于裂隙为碳酸盐充填的煤层气储层。尽管在常规油气开发中该方法应用得相当普遍，但在煤层气开发中的应用尚无先例，需进行实验室和现场试验。

第三节　煤层气注气开采

注气增产法最初应用在石油和天然气的开采中，用来提高石油及天然气的采出程度，被认为是一种具有发展前途的新技术。美国 Amoco 公司目前正在将该方法应用到低渗透煤层气田的开发中，以提高煤层气的开采效果。

一、注气增产机理

该项技术在现场试验中常用的注入气体为 N_2 和 CO_2。其作用机理有三个方面：一是通过注气增加储层流动能量；二是改变煤层孔隙结构以提高渗透率；三是利用不同气体在煤层中的吸附能力不同，产生竞争吸附置换效应。其中置换效应被认为是注气增产的主要机理，因此，国内外学者对多元气体在煤中的相互作用与替代机理进行了大量研究。

国内外通过对 CH_4–N_2 和 CH_4–CO_2 混合气体进行吸附能力测试，结果表明：煤对不同气体的吸附能力不同，每种气体都不是独立吸附的，而是多元气体竞争相同的吸附位，且吸附和解吸遵循不同的压力与吸附量关系等温线。而 N_2、CO_2 可与甲烷竞争吸附，从而破坏煤层中甲烷的吸附平衡状态，使甲烷解吸出来。在国内，研究表明将 N_2、CO_2 注入煤层后，注入气体向煤粒中吸附扩散，打破了原来的平衡和稳定，煤层中的吸附甲烷含量会降低，解吸扩散速率会增大，从而会提高甲烷的流动速率和抽放率。

二、注气方式

该技术有间断性注气（先注后采）和连续注气（边注边采）两种模式。

增产原理：两种模式都提高了储层的原始压力，使得煤层气的渗流速度增大，衰减时间延长，而注气引起煤层气渗流速度的增大，又造成了裂隙系统中煤层气分压下降速度的加快，引起更多的吸附煤层气参与解吸。解吸扩散速率增大，反过来又促使煤层气渗流速度加快；当注气压力较大时，还可能在煤层内形成新的裂隙，使渗透率增大，从而引起渗流速度增大；另外，由于煤是一种具有较高剩余表面自由能的多孔介质，当煤的剩余表面自由能总量一定时，即煤层与混合气体达到吸附平衡后，每一组分的吸附量都小于其在相同分压下单独吸附时的吸附量。因此，注气后竞争吸附置换作用必然使一部分吸附的甲烷解吸扩散，从而引起扩散速率和渗流速度的提高。

1. 间断性注气（CO_2 吞吐工艺技术）

该工艺将 CO_2 在低于临界温度和高于临界压力条件下，使用专用泵以液体的状态注入煤层，待 CO_2 和煤层相互作用一段时间后再对煤层进行开采。泵注的排量、压力、流体温度在一定范围内可调。进入煤层的 CO_2 可能是纯液体，也可能有一部分溶于地层水中。随着泵注量的不断增加，CO_2 将沿煤层的孔隙和裂隙进入到煤层的深部。由于 CO_2 溶于水形成的水溶液呈弱酸性，且具有较低的表面张力和界面张力，所以它具有一定的溶蚀能力，可以解除部分矿物质的堵塞，有效防止黏土矿物的膨胀和运移，能改善和提高煤层的渗透率。

据有关资料介绍，在同等地层条件下，CO_2 比 CH_4 更容易吸附在煤的颗粒表面。由此可知，向煤层中注入一定量的 CO_2 后，关井一段时间还可以置换出一定量的 CH_4。这不仅提高了煤层 CH_4 的采收率，也加快了 CH_4 的脱附速度，对提高煤层气井的产量十分有益。但是在向煤层中增注 CO_2 的同时，也会使煤层的温度下降，可能会造成冷伤害，因此必须控制好注入速度和液态 CO_2 的温度。在放喷排液的过程中，由于 CO_2 的体积膨胀，可能会使煤层的流体流速过快，导致机械颗粒的运移，对煤层造成伤害，所以必须控制好放喷速度，有效地保护煤层。

2. 连续注气

目前，注气驱替煤层气被认为是一种具有发展前途的新措施，所以该方法受到各方面的广泛关注。国外储层模拟和先导试验表明，在煤层中注入非烃气体可以促进解吸，提高煤层气的单井产量和采收率。在国内，注气开采煤层气项目也已开始启动。但发展注气增产技术的关键在于气源，即要寻找天然 CO_2 气源，探索和发展制 N_2、注 N_2、脱 N_2 和制 CO_2 等技术。

第四节　水平井钻井技术

一、定向羽状水平井

定向羽状水平井是在常规水平井和分支井的基础上发展起来的，是指在一个主水平井眼的两侧再钻出多个分支井眼作为泄气通道。因其样子像一个复杂的网一样，向远延伸的分支井就像羽毛或干草叉一样连接着水平井，所以在煤层气工业中称为羽状水平井。为了降低成本和满足不同需要，有时在一个井场朝对称的 3 或 4 个方向各布一组水平井眼，有时还利用上下 2 套分支同时开发 2 层煤层，如图 4.4 和图 4.5 所示。定向羽状水平井技术是美国 CDX 公司的专利技术。

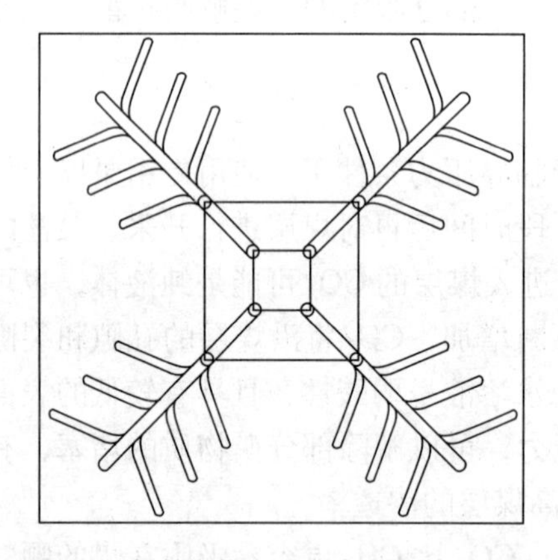

图 4.4　定向羽状水平井布井方式示意图

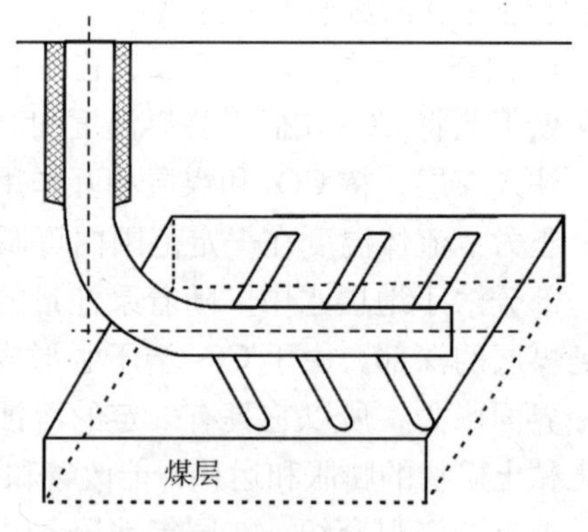

图 4.5　煤层气羽状分支水平井示意

1. 增产原理

该技术增产原理为：定向羽状水平井的分支井筒能够穿越较多的煤层裂缝系统，最大限度地沟通裂隙通道，增加泄气面积和地层的渗透率，从而提高单井产量。理论与实践也证明，在煤层中钻水平井的产量可以达到直井的 3 ～ 10 倍，且可大大减少常规钻井的井数，具有减少占地面积、节约管线等优点，从而提高经济效益。因此，钻定向羽状水平井开发煤层气具有很多有利条件。

近几年把这种技术应用于煤层气的开采成效显著。1999 年美国 CDX 公司首次将定向羽状水平井用于西弗吉尼亚进行煤层气开发，单井控制面积为 $4km^2$，日产量达 $2.8\times10^4m^3$。随后又相继在西弗吉尼亚、阿拉巴马、阿巴拉契亚等地区广泛应用定向羽状水平井，单井日产气（3.45 ~ 5.70）$\times10^4m^3$，5 年后，采出程度达到 85%。另外，CDX 公司还解决了低井底压力的技术问题，也使羽状水平井的技术优势得以充分发挥。我国第 1 口煤层气羽状分支水平井是引进 CDX 公司专利技术，2004 年在樊庄高煤阶区试验取得成功。该井每个井组由 4 口定向羽状水平井和 4 口直井组成，定向羽状水平井穿过煤层段长达 1200m，在煤层沿水平段左、右可分若干分支井眼，1 个井组可控制面积 $5.8km^2$ 以上，3 年内煤层气采出程度达 70%。

2. 羽状水平井适用条件

综合国内外关于羽状分支水平井的发展及中外学者对羽状分支水平井的研究可以看出，这项技术适用于厚度较大且分布稳定、结构完整的煤层，并需要煤阶较高、煤质较硬的地质条件。对缺乏背斜等顶部构造、山区煤层或渗透率较低等不适于直井方式开采的煤层，开采效果更好。煤层气羽状水平井发展历史较短，所以许多关键技术还需要进一步研究。

二、超短半径水平井

超短半径水平井是指曲率半径远比常规的短曲率半径水平井更短的一种水平井，也称为超短半径径向水平井。完成该水平井的钻井系统称为“Ultra-short Radius Radial System”，简称 URRS，所钻出的水平井的典型分布情况如图 4.6 所示。

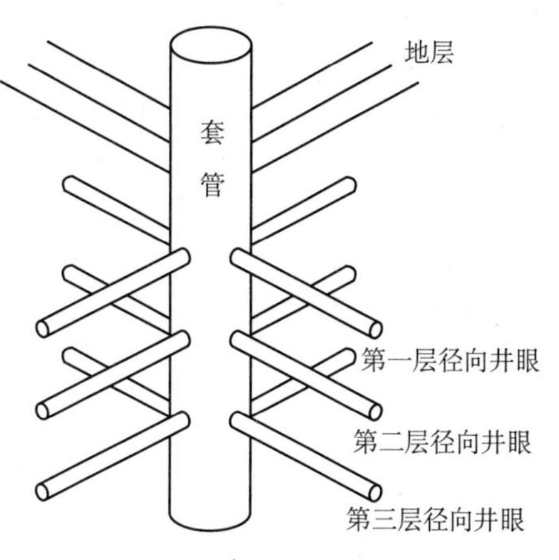

图 4.6　超短半径径向水平井典型分布

利用超短半径水平钻井技术，在垂直井内对煤层打水平孔，即沿煤层水平钻进形成井眼开采煤层气，具有以下突出优点：

（1）井眼方位与煤层层理垂直交会，能最大限度沟通煤层天然裂缝，煤层气通过裂缝经通道流至开采井，很大程度上缩短了在煤层中裂缝运动的距离。

（2）煤层钻孔后，周围煤层应力降

低，裂纹增加，渗透率也随之增加。

(3) 在煤层中钻长孔，孔与煤层的接触面积增大，从而增大煤储层的泄压面积，扩大煤层气的解吸范围，从而提高煤层气井的单井产量和煤层气的采收率。

超短半径水平井钻井成本并不很高，且工艺简单，成功率高，已应用于石油天然气开采，单井产量有很大提高，最高达 20 倍，已是成熟的技术，只需要根据煤层的特点在工艺上予以改进，特别适用于强烈吸水或遇水膨胀而难以采用水力压裂的煤层和低渗透煤层。

综上所述，我国煤层气资源虽然十分丰富，但煤层气藏具有低压、低饱和、低渗透、非均质性强和高煤阶气的特点，决定了开采煤层气的难度加大，需要采取一些新的增产措施。水力压裂改造技术是目前开采煤层气的一种常用和有效的增产方法，它适合比较坚硬的煤层，如要用于较软的孔隙裂隙储层，必须要对压裂液进行特殊处理；煤中多元气体驱替技术尚处在研究阶段，但我国发展注气增产技术的关键在于气源问题；定向羽状分支水平井技术目前被认为是一种效果较好且成本较高的新的煤层气开采改造技术，但这项技术涉及钻井、开发和储层改造等许多方面，有许多关键技术还需要进一步深入研究。

复习思考题

1. 煤层气井水力压裂的机理是什么？
2. 水力压裂有哪些作用？
3. CO_2 泡沫压裂比普通水力压裂有什么优点？
4. 煤层酸化处理适用于哪种煤层？
5. 注气增产的机理是什么？
6. 羽状水平井增产的机理是什么？

第五章 煤层气矿场集输系统

从煤层中采出的煤层气中，几乎都含有饱和的水蒸气和机械杂质。水蒸气和机械杂质是煤层气中十分有害的组分，其危害体现在：减小了输气管道对煤层气有效组分的输送，降低了煤层气的热值；当输气管道压力和外部环境温度变化时，可能引起水蒸气从煤层气中析出，形成液态水、冰或甲烷水合物，这些物质的存在会增加输气压降，减小输气管线的通过能力，严重时还会堵塞阀门和管线，影响平稳供气。因此，现场常采用加热、节流、分离、脱水等工艺对煤层气进行净化处理，以保证煤层气安全平稳地输送。

第一节 煤层气集输

把气井采出的煤层气经过分离、增压、脱水、计量后，集中起来输送到输气干线或处理厂的过程，称为煤层气的集输。

煤层气田的集输系统有两个主要目的：一是以最经济的方式将煤层气从井口输送至中心压缩站；二是对产出水进行处理，处理后的水符合环保要求。

目前常用的煤层气集输系统有三种类型：第一类是对每口井产出的煤层气进行单独处理和压缩，然后用小口径、中等压力的管线将煤层气输送至中心压缩站；第二类是将井组的煤层气收集在一起，通过低压集输管线输送到增压站，经初步处理和压缩后，再输送至处理厂；第三类是尽可能降低煤层气井的井口压力，选用大小合适的集输管线将煤层气直接输送到集气站。

收集和输送煤层气的管网称为集气管网，包括采气管线、集气支线和集气干线等。采气管线是气井到集气站的管线，一般直径较小（73 ~ 114mm）；集气支线是集气站到集气站或集气站到集气干线的管线，一般直径较大（159 ~ 325mm）；集气干线是将各集气站或集气支线的来气集中输送到处理厂或加气站的管线，一般直径很大（219 ~ 457mm）。

矿场集气管网的类型一般有枝状管网、环状管网和放射状管网三种。

1. 枝状管网

枝状管网如图 5.1（a）所示，形同树枝状，它有一条集气管道贯穿于气田的主干线，分布在主干线两侧的多井集气站的天然气通过支线纳入干线，由主干线输送至集配气总站或煤层气处理厂。该集气管网适用于长条状气田。

2. 环状管网

环状管网如图 5.1（b）所示，是将集气干线布置成环状，承接沿线集气站的来气。在环网上适当的位置引出管线至集配气总站。这种集气流程调度气量方便，气压稳定，局部发生事故时影响面小，天然气可以从环的末损坏的另一端继续输出，不影响供气。一般用于构造面积较大的气田。

3. 放射状管网

放射状管网如图 5.1（c）所示，是按集中程度将若干口气井划为一组，每组中设置一集气站，各井天然气通过来气管线纳入集气站。该管网布局便于天然气和污水的集中处理，也可减少操作人员，适于井位相对集中的气田。

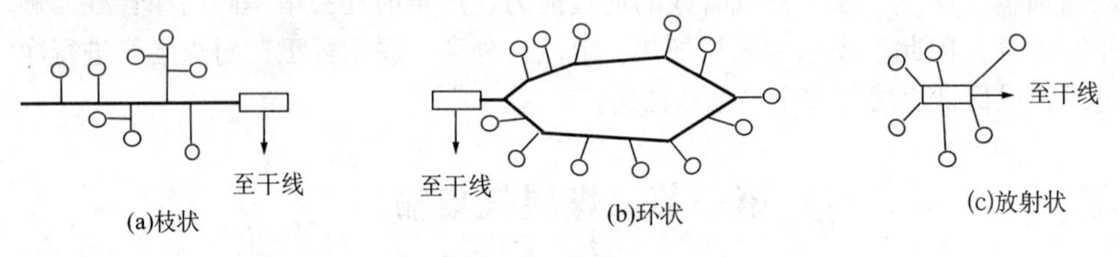

图 5.1　单井集气管网示意图

在实际工程中，集气管网的类型并不都是单一典型的某一种类型的管网，而常常是其中的两种甚至三种的组合。成组型集气管网是把放射形管网与枝状管网，或者把放射形管网与环形管网组合在一起使用的集气管网。这种集气管网适用于气田面积大，气井分布多的大型气田。

矿场集气管网的选择取决于气田的储量、面积、构造的形状、产气的特征和气井的分布、产气量、井口压力及煤层气的气体组成以及所采用的净化处理工艺等。

为了管理方便，将气井分成若干组，每一组的气井都在各自的集气站集中进行必要的处理，然后经各自的集气管线与总的集气干线连接起来。这样，大大减少了单井集气的设备及工作人员，也减少了天然气的损耗量，为气田自动化提供了条件。

集气站数的多少取决于含气构造的大小、产层和气井的多少。集气站应选在气井比较集中的位置。

采用成组型集气管网时，煤层气的矿场处理方法有两种，即非集中处理法和集中处理法。煤层气的全部矿场处理在集气站中进行，这种方法称为集中处理法。如采出的煤层气在井场进行处理，这种方法叫非集中处理法。集气站有较完整的煤层气和液体的处理体系及其他辅助设施。

按照集中处理法，集气站只进行集气和加热、分离、计量等预处理工作，在总集气站或门站进行煤层气和液体的进一步处理，充分去除煤层气中的水汽，为处理厂或输气干线输送符合气质要求的煤层气。

第二节　煤层气矿场集输工艺

为了安全平稳输气，必须对煤层气进行处理。现场常采用加热、节流、分离、脱水等工艺对煤层气进行处理。

一、煤层气的加热节流

煤层气从气井采出后流经节流件时，由于节流作用，使气体压力降低、体积膨胀、温度急剧下降，这就有可能产生水合物而影响生产。为防止水合物的生成，广泛采用加热的方法来提高气体温度。其实质是对降温前的煤层气进行加热提温，使节流前后气体温度高于气体所处压力下的水合物形成温度，从而确保不形成水合物。目前采用微正压和负压水套式加热炉对节流前的天然气进行加热。

二、煤层气的分离

从煤层开采出来的煤层气中往往含有液体和固体杂质，这些杂质如果不除掉，会对采气、输气和用户带来很大的危害，影响生产正常进行，其危害主要体现在以下四方面。

1. 增加输气阻力，使管线输送能力下降

气液两相流动比气体单相流动时的摩阻大，对直径一定的管线来说，摩阻增大意味着通过能力下降。例如，对含液量 40L/m^3，气流速度 15m/s 时的气液两相流动，会使管线通过能力下降 1%。含液量越高，气流速度越低，越易在管线低凹部位积液，形成液堵，严重时甚至中断输气。

2. 含硫地层水对管线和采气设备的腐蚀

实验和矿场实际资料说明，含硫化氢的液态水对金属腐蚀特别严重，会使管壁厚度大面积减薄或产生局部坑蚀。

3. 煤层气中的固体杂质在高速流动时对管壁的冲蚀

如同喷砂除锈一样，高速流动的泥砂固体颗粒会对金属产生强烈的冲蚀，尤其在管线的转弯部位。因为在转弯部位气流运动方向改变时砂粒直接冲刺到管壁上，在管壁上形成一道道伤痕，从而有可能导致管线在这些部位破裂。气井放喷时，在管线转弯处突然爆破的恶性事故曾多次发生。

4. 使煤层气流量测量不准

孔板差压流量计测量气体流量的主要要求是气体干净，保持单相流动。如果气液两相经过孔板，测出的流量就会偏大；若液体聚积在孔板下游侧管道的低洼部位，有时甚至会隔断气流。一会儿气体推动液体沿管道斜坡从低处向高处流去，一会儿液体又从高处倒流回低处。当液体从高处跌下去时，给气流一个反方向的压力冲击波，使孔板流量计的差压下降；当气体推动液体上坡时，差压上升，形成差压一会儿高，一会儿低的波动，影响正确计算的准确性。

所以，为了避免上述危害，煤层气从井底产出后，为除去煤层气中的机械杂质和游离水，必须用分离器对煤层气进行分离处理。

三、煤层气的脱水

在输送含有酸性组分的煤层气时，存在酸性组分（H_2S、CO_2 等）会加速对管壁阀件的腐蚀，减少管线的使用寿命。另外当煤层气含有液态水时，当温度低于水露点时可能引起水凝析、形成水合物或结冰，导致腐蚀、冰堵等问题，在生产、运输和使用过程中将带来极大的安全隐患。因此，在一般情况下，煤层气必须进行脱水处理，达到规定的含水指标后才允许进入输气干线。

目前各国对管输煤层气中含水汽量指标要求不一，有“绝对含水汽量”及“露点温度”两种表示方法。绝对含水汽量是指单位体积煤层气中含有的水汽的重量，单位为 mg/m^3 或 mg/m^3。煤层气的露点温度是指在一定的压力下煤层气中水蒸气开始冷凝结出第一滴水时的温度，用℃表示。为了表示在煤层气管输过程中，由于温度降低从煤层气中凝析出水的倾向，用露点温度表示煤层气的含水汽量更为方便。一般情况下管输煤层气的露点温度应该比输气管沿线最低环境温度低 5 ~ 15℃。

可用于煤层气脱水的方法有多种，如溶剂吸收法、固体吸附法、低温冷却法和化学反应法。

1. 溶剂吸收法脱水

溶剂吸收法是目前煤层气工业中使用较为普遍的脱水方法。溶剂吸收法是根据煤层气和水在脱水溶剂中的溶解度不同，利用溶剂吸收其中的水分以实现湿煤层气脱除水汽进行干燥的目的。常用的吸收剂有甘醇化合物和金属氯化物溶液两大类。

2. 固体吸附法脱水

固体吸附法脱水是利用煤层气与固体粒子相接触，煤层气的水分子被固体内孔表面吸附着以达到分离水分的目的。

3. 化学反应法脱水

化学反应法可使煤层气得到较完全地脱水，但由于化学反应试剂与水汽反应后再生困难，因此此法在煤层气工业中极少使用。

4. 低温冷却法脱水

将煤层气冷却可使煤层气中大部分水蒸气冷凝出来。在研究煤层气水合物性质时，从煤层气的最大体积含水量与压力、温度关系图中可以看出，当压力一定时，煤层气中的含水汽量与温度成正比，所以含一定量水蒸气的煤层气，当温度降低时，煤层气中水蒸气就会凝析出来。这就是低温分离法的原理，在节流降压、降温前应注入甲醇等防冻剂防止冻结。

目前煤层气公司处理厂普遍采用以三甘醇作为吸收剂的溶剂吸收法进行脱水，成本低。在集气站采用露点抑制法（即低温冷却法）脱水。

四、煤层气的增压输送

在煤层气的开发和输送过程中，随着煤层气的不断采出，气井压力逐渐降低，当气井的井口压力低于输气压力时，气井难以维持正常生产，甚至造成被迫关井。因此，为了充分利用能源，确保合理开发煤层气，提高煤层气采收率，当煤层气（气井）的地层压力降低后，应该在矿区建立增压设备，对煤层气增压，以降低气井井口的回压，维持气井正常生产，保证煤层气正常输送。

第三节　煤层气集输工艺流程

把从煤层气井采出的含液固体杂质的、具有一定压力的煤层气变成适合矿场输送的合格煤层气的各种设备组合，称为集输工艺流程。集输工艺流程是对采输全过程各工艺环节间关系及管路特点的总说明。用图例符号表示集输全过程的图称为集输流程图。

一、低压煤层气集输工艺流程

如图 5.2 所示，为低压煤层气集输工艺流程。由于煤层气气压低，在集气站分离后，需要加压完成进一步的分离和向下游输送。通过增加一座或两座压缩机

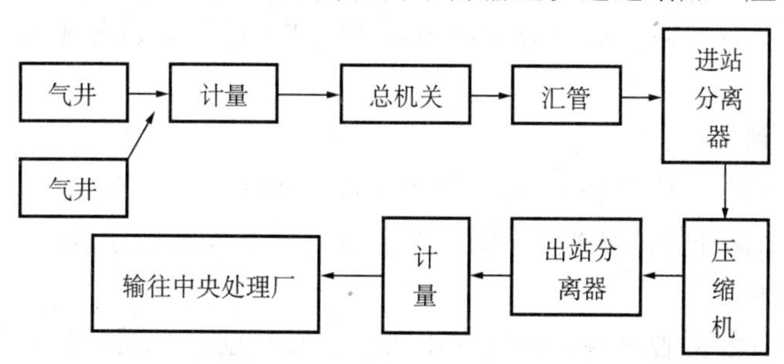

图 5.2　典型低压煤层气集输工艺流程图

来实现加压输送。

二、某集气站工艺流程

来自各井口的煤层气进入站场，经气液分离后，气体进入压缩机组增压，经冷却脱水分离后，计量外输。分离出的污水进入排污池，污水中残留的气体经放空管引至安全处放空。一般煤层气进入站场的压力很低，常常低于0.1MPa，在集气站需进行几级压缩，出口压力为多少，需根据最终的外输压力综合考虑而定。工艺流程示意图如图5.3所示。

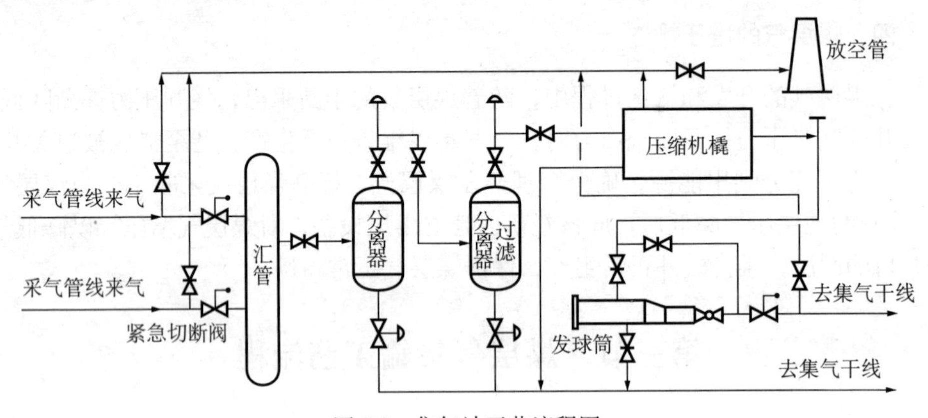

图5.3　集气站工艺流程图

第四节　集气站投产

一、投产准备

1. 井况

投产前，地质工艺研究所完成投产井的通井测试，作业区对各井进行认真仔细的检查并保养采气树，取全取准原始油套压值，确保井口各阀门严密灵活，井口无渗漏。

2. 员工培训

对参与投产的员工进行投产前的技术培训，使参与投产的员工熟悉现场工艺流程及投产程序，保证每位参加投产的员工都熟知HSE作业指导书及事故紧急预案。

3. 现场检查

进口设备（包括脱水橇、燃气发电机）在安装前，必须组织人员对设备进行全面检查，保证完好不缺配件，并对有关设备进行维护保养。

试压投产前按规定准备好所需生产工具、办公用具、材料、溶剂（包括三甘醇、甲醇、缓蚀剂）、消防器材及生活用品等，并提前送到井站。

4. 通信保障

投产工作开始前，通信设备必须良好，各通信点派人值守，保证指挥畅通。

5. 抢修队伍准备

在投产过程中，由施工单位组织一支抢修队伍在投产现场整装待命，出现问题立即抢修。

二、投产程序及有关参数

1. 集气站投产程序及有关参数

1）单井至集气站

井口至集气站采用高压集气流程，采气管线设计压力0.6MPa，工作压力0.2MPa。

（1）置换空气。

关闭加热炉节流阀、进站阀门、进站各变送器，打开进站放空旋塞阀，用井口针阀控制流量进行置换，置换参数为：流速5m/s（ϕ76mm×9mm采气管线流量为1141m^3/d，ϕ60mm×8mm采气管线流量为666m^3/d）；

（2）吹扫。

置换合格后，增加气量进行吹扫（用井口针阀控制）。吹扫参数如下：

①流速：控制合理流速20m/s；

②站内观察放空火炬，待放空口气流干净，无污物即可结束，若有大量污物，则可相应提高井口节流后的压力，直至干净，结束吹扫。

（3）严密性试压。

关闭进站高压放空阀，打开进站各仪表，用井口针阀控制，试验压力应均匀缓慢上升，压力分别升至最高井口压力的20%、40%、60%、80%、100%，与井口压力相平时停止升压，分别稳压30min验漏，如无变化，则稳压24h，压降小于2%为合格。并沿线检查，无泄漏为合格。

（4）注意事项。

①对于多井集气站，单井采气管线的置换空气、吹扫，必须逐井进行，不允许多井同时进行。

②采用井口针阀控制时，节流压差较大，会形成水合物，操作时应注意。

2）集气站内

（1）置换空气。

①关闭站内外输计量装置上、下游阀门及旁通闸阀。

②关闭燃气及仪表气系统入口调压阀的上、下游闸阀，以及旁通针阀。

③打开脱水橇出口放空阀。

④检查流程，确认旁通管路、单量及混合等流程畅通。

⑤打开加热炉针阀前进站闸阀，用加热炉针阀控制流量，置换站内设备、管道中空气，置换参数为：置换流速＜5m/s、流量＜666m³/d，出口取样分析，含氧量＜2%为合格。

⑥燃料气系统空气置换。打开自用气区放空阀，用该系统进口处的节流针阀控制，出口含氧量小于2%为合格。

(2) 吹扫。

①吹扫前，将计量孔板取出。

②打开外输放空闸阀，关闭脱水塔进出口阀门、自用气上下游阀门及旁通针阀，关闭电动球阀上游闸阀，关闭各仪表。

③增加气量进行吹扫，吹扫参数为：吹扫气流速度约20m/s，站内系统压力不大于0.30MPa。

④观察放空火炬，待出口气流中无污物时结束吹扫。

(3) 严密性试压。

吹扫合格后，进行严密性试压。

①打开站内各计量装置上下游阀门及旁通阀门，打开各仪表及其导压管旋塞阀，打开各分离器电动球阀上游阀门。

②关闭所有放空闸阀，详细检查流程。

③开进站针阀，用针阀控制气量升压。根据站内各段管线及设备的不同压力等级分段进行试压。每段分四个压力等级进行，即分别为最高工作压力的20%、40%、60%、80%。每级稳压30min，验漏合格后方可进入1.6MPa进行严密性试压，进行严密性试压，稳压24h。否则，泄压后进行整改直至合格。

在稳压前，按工作压力值调校各容器、设备的安全阀。

(4) 强度试压。

强度试压由油建公司用空气进行。

3) 脱水橇部分

(1) 置换。

①打开吸收塔进口阀门、塔底排污球阀。

②关闭三甘醇贫、富液进出塔阀门，关闭仪表风球阀，关闭吸收塔自动排液薄膜阀前后球阀。

③置换空气与站内置换同时进行。

④在排污放空口测含氧量小于2%时，置换合格。

(2) 吹扫。

①置换合格后，关闭吸收塔进口阀门，关闭塔底排污球阀。

②当站内试压到0.5MPa时，打开塔底排污球阀，开进塔闸阀1圈，使气流流速控制在合理的流速左右。

③当排污口无污物时，吹扫结束。

（3）严密性试压。

①吹扫结束后，关闭排污口球阀。

②严密性试压与站内严密性试压同时进行。

（4）仪表供风系统吹扫。

严密性试压合格后，进行仪表供风系统的吹扫。

①打开出塔处仪表风球阀，调节减压阀，将压力降至需要的数值左右。

②按从高压到低压的顺序，将仪表风各段管线下游接口卸开进行吹扫，直至没有污物和杂质排出时接好接口。

③调节各级减压阀，将压力降至各仪表要求的范围内。

（5）脱水调试运行。

①控调参数：

a. 站内工作压力1.0MPa，外输放空；

b. 调试产量：投产时根据各集气站具体情况定；

c. 脱水后露点小于 −13℃ ；

d. 设备运行参数参照对应的操作规程。

②严格按三甘醇脱水橇操作规程进行调试，调整各项参数，进行正常后测其水露点，低于 −13℃为合格。同时保证站内其他仪表工作正常。

4）燃气发电机调试

严格按燃气发电机操作规程进行调试运行，保证站内正常供电。准备开井生产，调试脱水橇。

5）注意事项

（1）各集气站在竣工验收后，即可同时分期开展投产工作，但在没有投产领导小组通知前，站内调试、运行等所有天然气不得进入集气干线。

（2）站内通气后，应及时调试燃气发电机。

（3）所有参加人员必须搞清站内的不同压力系统，在站内试压期间，应严密观察压力系统的压力变化，防止超压，并有具体的处理措施。

（4）置换空气合格后，站内放空，必须及时点燃火炬。

2. 集气干线投产程序及有关参数

1）置换空气

（1）投球置换空气。

①准备工作：

a. 投球前，操作人员必须检查收发球筒盲板开关是否灵活，密封圈是否完好，有关阀门是否完好，开关是否灵便等。

b. 检查清管球有无缺损，注水时一定要将球内空气尽量全部排出，进行称重、量径，计算过盈量，过盈量一般应控制在5%～8%的范围内，并作好编号和记录。一般应准备注好三个清管球。

c. 必须保证发球点、收球点及沿线监测点通信相互畅通。

②发球操作：

首先将一只清管球（或清管器）装入球筒并到位，关闭盲板，锁好保险螺栓、全开球阀，倒入一定量的天然气，经监听确认清管球发出后，关闭球阀停止进气，放空卸压，确认球筒无压力后打开盲板，确认清管球（或清管器）发出后10min左右，再装入第二个清管球，仍按上述程序进行作业。最后打开盲板检查清管球是不是发出，确认两个球发出后，倒入正常流程进行投球置换空气。

③运行参数：

由于是空管通球，因此一定要注意进气量，控制球的运行速度。

a. 推球压力0.2MPa，推球压差0.1MPa（经验数值）。

b. 球速控制在8～12km/h，主要是通过控制进气量来实现的，其中：

ϕ 159mm × 6mm 管线进气量为（0.7～1.0）$\times 10m^3/d$；

ϕ 219mm × 7mm 管线进气量为（1.2～2.0）$\times 10m^3/d$；

ϕ 273mm × 8mm 管线进气量为（2.0～3.0）$\times 10m^3/d$；

ϕ 457mm × 7.1mm 管线进气量为（6.0～9.0）$\times 10m^3/d$。

④收球操作：

球发出后，打开集配气总站收球筒球阀，利用收球筒放空阀控制球前压力为0.4MPa左右，当球通过站外清管指示器时，注意收球，同时减少进气量，确认清管球进入收球筒后，关闭球阀（同时集气站停止向干线进气），将球筒压力卸为零，打开盲板，取出清管球后关闭盲板，并对球的外观进行描述、称重、量径等。

⑤集气支线置换空气：

指沿线集气站到集气干线这段管线、在集气干线投球置换空气完成后，利用干线内的天然气，采取集气站内外输放空，改通流程进行置换，直到合格为止。

（2）直接置换空气。

投产时，对于无条件进行投球（或清管器）的集气支干线、采用煤层气进行直接置换空气，其参数为，煤层气在管道中流速＜5m/s，这主要是通过控制进气量来实现的，其中：

ϕ 159mm × 6mm 管线进气量＜$0.7 \times 10^4m^3/d$；

ϕ 219mm × 7mm 管线进气量 < $1.2 \times 10^4 m^3/d$；

ϕ 273mm × 8mm 管线进气量 < $2.0 \times 10^4 m^3/d$；

ϕ 457mm × 7.1mm 管线进气量 < $6.6 \times 10^4 m^3/d$。

集气管线进气量为管线容积的三倍后，在放空口每 15min 取样分析，直到含氧量小于 2% 为置换合格。

沿线集气站到集气干线这段管线，采取集气站内实施放空，与干线的置换空气同时进行。

2）严密性试压

置换空气合格后，关闭集配气总站的干线放空阀、收球筒放空阀、沿线集气站外输阀，对集气干线、沿线集气站到集气干线的集气支线进行整体严密性试压。试验压力应均匀缓慢上升，在 0.32MPa、0.64MPa、0.96MPa、1.28MPa 时停止升压，并稳压 30min 后，对管线进行观察、验漏，如未发现问题，便可以继续升压至 1.6MPa，在此压力下，稳压 24h，压降小于 2% 为合格。

三、集气站投产安全要求

（1）投产工作由投产领导小组统一指挥，参加投产的全体人员必须听从指挥，按各自的分工和职责，严守岗位，不得擅自离岗、脱岗或与其他岗位人员换岗。

（2）投产前将投产方案向所有参加投产的人员交底，使各岗位负责人明确自己的职责及操作程序。

（3）严格执行投产方案中制定的程序和各项参数，及时将各操作点的运行情况（包括压力、温度以及操作部位情况）及时汇报给投产主要负责人。

（4）严格按操作规程进行操作，没有投产负责人的指示，任何人任何岗位不得擅自操作。

（5）值班操作人员必须穿戴符合安全生产有关规定的劳保护具，操作时站位正确，开关井、倒流程、放空排污等操作要平稳。

（6）试压过程中，严禁敲击试压容器设备，以及与其连接的任何部件，如焊缝连接部位渗漏，待放空泄压，确认无压时，方可实施整改措施，整改后必须按要求重新进行试压。

（7）站内投产期间，与投产无关的人员严禁入内，各种机动车辆不得进入或停留在站内。

（8）放喷管线必须牢固可靠，放喷阀门操作灵活，需放空点火时，一定要点火燃烧，不允许点火时，必须有专人在放空口负责警戒，放空口周围 50m 内不得有闲人或其他牲畜进入。

（9）有连通的多处同时放空时，必须防止低处进入空气。

（10）严禁烟火，若焊缝渗漏，需补焊时，放空泄压后，先在动焊区检测天然气浓度，达到要求后方可进行补焊。

（11）投产期间，若有管线漏气、破裂、失火、爆炸等突发性事故发生，应立即关井截断气源，全力以赴处理事故。

（12）保证通信畅通，投产期间若遇通信中断，各操作点操作人员应明确自己的职责、任务和操作点的参数，严守岗位，独立操作，并作好一切记录，特殊情况（超压、刺漏）有权自行处理，但应及时向指挥组汇报。

（13）下游进气，必须对下游的操作进行检查，确认无误时上游方可开控制阀进气。

（14）投产前，应对各设备、工艺管线进行检查，有条件时，可对压力容器、工艺管线进行壁厚测试，若与设计或压力等级不符，坚决不能进行投产试压工作。

（15）投产时所需的投产物资、工用具应定点放置，特别是部分应急性工用具，应放在比较醒目的位置，其他与投产无关的物品应清除出站场，确保站场内道路畅通无阻。

（16）投产期间应配备所需的消防器材，并定点放置，消防器材周围不得放置其他物品。

（17）投产期间，值班和操作人员要取全取准各项资料和参数，投产结束，由技术人员汇总整理，写出投产总结。

第五节　清　　管

一、输气管线清管

输气管线在建造中因长距离、长时间在野外施工，管内往往进入污水、淤泥、石块、焊渣和施工工具等；输气管线投产后，煤层气从气井带进大量污水、泥砂也进入管线；输入管线内的脱硫净化气中饱和的水蒸气，由于温度降低，在管道内会凝析出大量的水，形成积液和硫化铁产物。以上这些杂质都会增加管线的摩擦损失，降低通过能力（效率）和使用寿命。

二、清管的目的

（1）清除管线低洼处积水，使管道内壁免遭电解质的腐蚀，降低硫化氢、二氧化碳对管道的腐蚀，避免管内积水冲刷管线而使管线减薄，从而延长管道的使用寿命。

（2）改善管道内壁的光洁度，减少摩阻损失，增加通过量，从而提高管道的输送效率。

(3) 扫除输气管内积存的腐蚀产物，保证输送介质的纯度。

(4) 进行管内检查（投产初期，进行管道内壁涂层和内部探伤）。

(5) 定径。与清管器探测定位仪器配合，查出大于设计、施工或生产规定的管径偏差。

(6) 测径、测厚和检漏。与测量仪器构成一体或作为这些仪器的牵引工具，通过管道内部，检测和记录管道的情况。

(7) 灌注和输送试压水。往管道灌注试压水时，为避免在管道高点留下气泡，以致打压时消耗额外能量，影响试验压力的稳定，在水柱前面发送一个清管器就可以把管内空气排除干净。

(8) 置换管内介质。用天然气置换管内空气、试压水或用空气置换管内天然气时，用清管器分隔两种介质，可防止形成爆炸性混合物，减少可燃气体的排放损失，提高工作效率。

(9) 涂敷管道内壁缓蚀剂和环氧树脂涂层。液体缓蚀剂可用一个清管器推顶或用两个清管器夹带，在沿线运行过程中涂上管道内壁。环氧树脂的内涂施工比较复杂，其中包括：管道内壁的清洗、化学处理、环氧树脂涂敷和涂敷质量的控制与检查等内容，这些工序都是利用专门的清管器实现的。

三、清管工艺及其设备

清管是将清管器投入管线中，清管器在管线内流动着的流体推动下前进，将管内杂质带出。

清管工艺设备主要是清管器收发装置及清管器。清管是由清管器收发装置来完成的，一般来讲清管装置多附设在输气站或增压站上，以方便管理。清管器收发装置包括收发筒、工艺管线、阀门、装卸工具和清管器通过指示器等。

1. 清管器收发筒

清管器收发筒是清管器收发装置的主要设备，由筒体、快开盲板及放空、排污、进气口、平衡管等组成的，如图 5.4 所示。

图 5.4 清管器收发筒

筒体的直径比输气管线的公称直径大 1 ~ 2 倍。发送筒的长度应满足发送最长清管器的需要，一般应不小于筒径的 3 ~ 4 倍。接收筒应当更长一些，因为它还需要容纳不许进入排污管的大块清除物及先后连续发入管道的两个或更多的清管器，其长度一般不小于筒径的 4 ~ 6 倍。排污管接在筒体底部，放空管应安装在接收筒的顶部，两管的接口都应该焊上挡条，阻止大块物体进入，以免堵塞。收发筒为钢质筒，应顺气流方向与水平方向由高向低呈 8° ~ 10° 倾斜安装，即接收筒进清管器一端高而快开盲板取出清管器的一端低；发球筒则是放入清管器的快开盲板一端高，而清管器发送筒入管线的一端低。这种倾斜结构便于将清管器放入发送筒和从接受筒取出清管器。

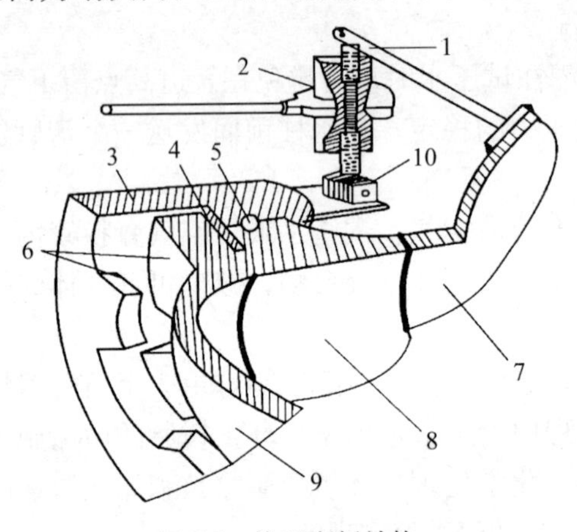

图 5.5　快开盲板结构

1—支架；2—开闭机构；3—压圈；4—密封圈；5—钢球；6—楔块；7—水平短节；8—法兰；9—头盖；10—支座

快开盲板是收发球筒的关键部件，清管器的装入、取出和球筒的密封均由它来实现。盲板通过一水平短节与筒体相连，它由头盖、压圈、开闭机构、法兰、密封圈、防松楔块等组成。

2. 清管器通过指示器

清管器通过指示器安装在发球筒出口后的管线上，或收球筒进口前的管线上。安装清管器通过指示器，可以帮助操作人员及时了解清管作业时，清管器是否离开发球筒或进入收球筒，以便顺利开展工作。

3. 清管器

清管器是放入输气管线中，在前后压力差推力作用下，沿管线运动而清除管内积水、腐蚀粉尘等污物的清管设备。目前使用的清管器主要有橡胶清管球、皮碗清管器和泡沫塑料清管器。

1）橡胶清管球

橡胶清管球是一个外径比内径大 2% 的空心球体，用氯丁橡胶制成，中空，壁厚 30 ~ 50mm。使用时向球内灌水，以排尽空气。清管球灌水加压胀大之后，其过盈量为 4% ~ 8%。

球上有一个可以密封的注水排气孔，为了保证清管球的牢固可靠，用整体成形的方法制造。注水口的金属部分与橡胶的结合必须紧密，确保不致在橡胶受力变形时脱离。注水孔的单向阀用以控制打入球内的水量，调节清管球直径对管道内径过盈量。

橡胶清管球的优点是变形能力大，可在管道内作任意方向的转动，很容易越过块状物体，通过管道变形处。清管球和管道的密封接触面窄，在越过直径大于密封接触面带宽度的物体或支管三通时，容易失密停滞。清管球的密封条件主要是球体的过盈量，这要求为清管球注水时一定要把其中的空气排净，保证注水口的严密性。否则，清管球进入压力管道后的过盈量是不能保持的。

当管道温度低于 0℃时，球内应注入低凝固点液体（甘醇），以防冻结。

清管球的主要用途是清除管道积液和分隔介质，清除小的块状物体的效果较差。不能定向携带检测仪器，也不能作为它们的牵引工具。

2）皮碗清管器

皮碗清管器由一个钢性骨架和前后两节或多节橡胶皮碗组成。皮碗清管器利用皮碗裙边对管道的 4% 左右的过盈量与管壁紧贴而达到密封，清管器由其前后的天然气压差推动前进。每节皮碗由压板法兰支撑并固定在骨架上，增加了推动污物的抗压能力，裙边损坏后可以补偿，皮碗损坏时，可以拆下来更换。皮碗的数量一般为 3 ~ 4 个，是用耐油耐磨氯丁橡胶制成的，也有使用聚胺脂材料制成的，如图 5.6 所示。

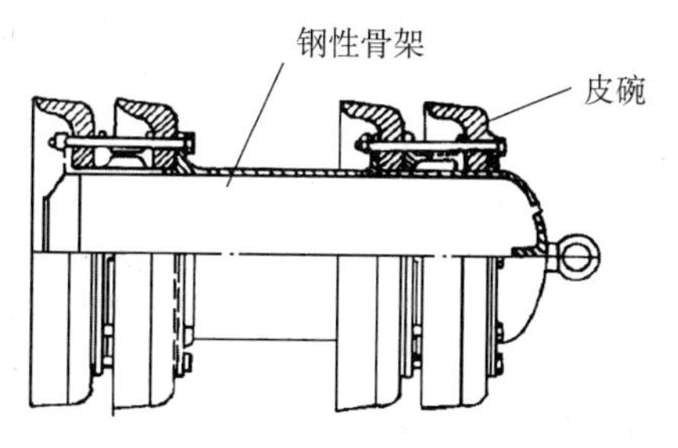

图 5.6　皮碗清管器

清管器皮碗，按形状可分为平面、锥面和球面三种。平面皮碗的端面为平面，清除固体杂物能力强，但变形较小，磨损较快。锥面皮碗和球面皮碗能很好地适应管道变形，并能保持良好的密封。球面皮碗还可以通过变径管。但它们容易越过小的物体或被较大的物体垫起而丧失密封。这种皮碗寿命较长，夹板直径小也不易直接和间接地损坏管道。

皮碗的磨损速度除决定于皮碗的材质外，还决定于管道内壁的粗糙度、腐蚀物数量、皮碗承压面积和清管器的重量等因素。在皮碗材质一定的条件下，尽量减轻清管器金属骨架的重量和必要时增加皮碗节数是提高清管器工作能力的两个途径。

皮碗清管器可以分为定径清管器、测径清管器、隔离清管器、带刷清管器和双向清管器五种类型。

3）泡沫塑料清管器

泡沫塑料清管器是表面涂有聚氨脂外壳的圆柱形塑料制品。它是一种经济的清管工具。与刚性清管器比较，它有很好的变形能力和弹性，在压力作用下，它可与管壁形成良好的密封，能够顺利通过各种弯头、阀门和管道变形位置。它不会对管道造成损伤，尤其适应于清扫带有内壁涂层的管道。其过盈量一般为1in。

四、清管收发球操作

1. 清管发球操作

1）清管发球装置的组成

清管发球装置的组成如图5.7所示。

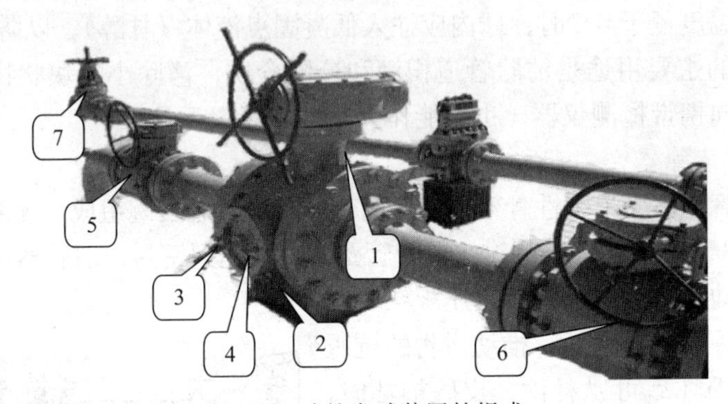

图5.7 清管发球装置的组成

1—清管球阀；2—放空阀；3—盲板顶丝；4—盲板；5—发球阀上游阀门；
6—发球阀下游阀门；7—外输闸阀

2）操作步骤

（1）准备清管球（器），并进行称重、外观描述、尺寸测量，提前对发射器、清管通过指示仪进行充电测试，确保其正常。

（2）检查保养发球装置及仪表，并通知收球单位检查保养收球装置及仪表，确保其正常，无内漏、外漏。

（3）缓慢关闭1，缓慢打开2将发球阀放空泄压至零。

（4）确认1内压力为零且无内漏后，逆时针旋转3，打开4。打开4时，人应站在侧面，不能正对盲板。打开4后，如发现有FeS粉末时应立即用水浇湿。

（5）将清管球（器）送入发球阀腔内（清管器喇叭口应正对气流）。

（6）关闭4，顺时针旋转3，确保4严密不漏。

（7）关闭2。

（8）缓慢全开1。

（9）缓慢全开6，打开5后迅速关闭7。

（10）清管器发出后，通过指示仪显示报警通过指示，此时缓慢关闭1，打开2将发球阀放空泄压至零，确认1内压力泄为零且无内漏。

（11）逆时针旋转3，打开4。打开4时，人应站在侧面，不能正对盲板。检查确认清管球（器）是否发出，若已发出，记录发出时间并通知收球单位。

（12）关闭 4，顺时针旋转上紧 3，关闭 2，缓慢打开 1 进行验漏。

（13）缓慢打开 7，关闭 5，关闭 6。

（14）每隔 15min 记录一次外输压力、温度、瞬时流量、累计气量，随时与收球单位联系。

2. 清管收球操作

1）清管收球装置的组成

清管收球装置的组成如图 5.8 所示。

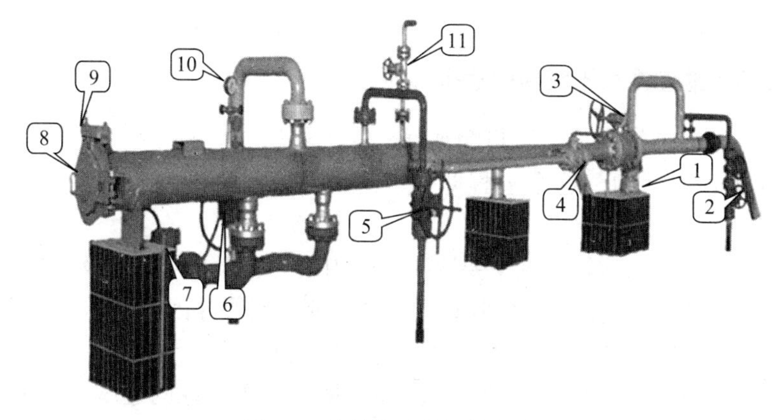

图 5.8　清管收球装置的组成

1—输气管主气阀；2—输气管放空阀；3—收球筒球阀；4—平衡阀；5—收球筒放空阀；6—收球筒进气阀；7—收球筒排污阀；8—快开盲板；9—防松楔块；10—收球筒压力表；11—上水管线控制阀

2）操作步骤

（1）接到上游站通知后，检查本站收球筒各部件工作情况，检查关闭 5、11、4、7，缓慢打开 6 给收球筒充压、验漏，合格后打开 5 放空泄压，并通知上游站。

（2）通过计算和分析判断，球到前半小时左右，检查关闭 5。

（3）缓慢打开 6。

（4）全开 3。

（5）关闭 1。

（6）球快到时缓慢开 7 至无污物后关闭，操作要平稳。

（7）收球（清管器）进筒。

（8）立即打开 1。

（9）关闭 3。

（10）关闭 6。

(11) 打开 4。

(12) 缓慢打开 5 放空，确认筒内压力为零后，打开 11 向筒内充水清洗，打开 7 排净筒内污水，卸 9，开 8。如无上水管线，打开 8 后，发现有 FeS 粉末时，应立即用清水浇湿。

(13) 取出清管球（清管器）后，清洗保养收球筒。

(14) 关 8，装 9，对收球筒再次进行充压验漏，合格后打开 5 放空泄压。

(15) 电话通知发球站，恢复正常输气。

(16) 检查清管球（清管器），做详细描述，汇报作业区值班室，由值班人员汇报给厂调度室。

五、清管器在输气干线中的运行规律

清管器在输气管内形成一封闭活塞，在天然气压差的推动下沿管壁运行，以清除和推送管内污物，这个过程叫做“通球清管”。清管器在管线中的运行规律为：

(1) 球在管内的运行速度主要取决于管内阻力的大小（污物及摩擦阻力）、输入与输出气量的平衡情况以及管线经过的地带、地形等因素。球在管内运行时，可能时而加速，时而减速，有时甚至暂时停止后再启动运行。

(2) 在管内污水较少和球的漏气量不大的情况下，球的速度接近于按输气量和起、终点平均压力计算的气体流速，推球压差比较稳定，也不随地形高差变化而变化。因为污水较少时，球的运行阻力变化不大，球运行压差较小，球速与天然气流速大体相同。

(3) 球在推送较多污水的管段内运行时，推球压差和球速变化较大，并与地形高差变化基本吻合，即上坡减速，甚至停顿等候增压，下坡速度加快，这是因为推球压差是根据地形变化自动平衡的。

1. 通球工艺参数的选择与计算

1) 推球压差

通球前应根据地形高差、污水情况、输气压力差以及过去的清管实践资料进行综合分析，估计通球所需要的最大推球压差，以保证通球清管的顺利进行。

通球中采用下列方法建立推球压差：

(1) 当输气管线的积水不多时，一般情况下不必调整输气压力及气量，发球后的推球压差，在清管运行中随输气速度自动建立。

(2) 若输气管线内的污水积存很多，估计推球压差可能较高时，为了保证有足够的推球压差，必须预先调整清管段输气压力（发球站压力）。

(3) 在运行过程中，当球后压力已升到管线最高允许工作压力时，可排放球前管内天然气降压或停止向该段进气，以增大推球压差。

2）球运行距离和速度的判断

球运行位置的确定方法是：

（1）清管球通过指示器发出信号。

（2）人工监听。在没有安装清管球通过指示器的输气管线上或有其他要求时，可以沿线选择监听点，专人监听，了解污水和清管球的通过情况。

（3）用容积法计算球的运行距离和速度。

球的运行距离用下式计算：

$$L=\frac{4p_{n}\cdot T\cdot Z\cdot Q_{n}}{\pi D^{2}\cdot T_{n}\cdot p}$$

式中 L——球运行距离，m；

Q_n——发球后的累计进气量，m^3（基准条件下）；

p——推球压力，MPa；

T——球后管段天然气平均温度（取发球站气体的温度），K；

Z——p、T 条件下天然气压缩系数；

p_n——基准条件下的压力，0.1MPa；

D——输气管的内径，m；

T_n——基准条件下的温度，293K；

π——3.14159。

在实际操作中，每隔 15 ~ 30min 计算一次进气量及压力，将各次气量累计，应用上式即可求得球的位置。

球在管内的平均速度用下式计算：

$$v=\frac{L}{t}$$

式中 v——球的运行速度，m/h；

L——球的运行距离，m；

t——运行 L 距离的实际时间，h。

当输气管内的污水不多，球的严密性较好时，推球压力、气量也比较稳定，这时，球运行的平均速度与管内天然气的平均速度基本一致，而与线路走向、地形起伏无关，因此在发球时就可以按照当时的输气量与清管段起终点的平均压力，预算出球运行至各观察监听点的时间。

$$t=32.079\times10^{3}\times\frac{LD^{2}p}{TZQ}$$

式中 L——发球站到相应观察监听点的距离，km；

Q——输气量，m^3/d；

p——通球管段平均压力，MPa。

用上述容积法计算球的位置时，除天然气量、压力计算误差影响外，关键在于球的密封性。在单球清管时，球的漏失量约为 1% ~ 8%，球的漏失量修正系数值为 0.99 ~ 0.92，以此乘以距离和速度即可。

2. 清管器运行过程中可能出现的故障和处理

1）球与管壁密封不严而引起球停止运行

橡胶清管球因质地较软，球壁可能碾进管内硬物（如石块），而在管线低凹部或弯头处把球垫起，使球与管壁间出现缝隙而漏气，造成球停止运行。

处理方法：

（1）发第二个球顶走第一个球。第二个球的质量要好，球径过盈量较第一个球略大。

（2）增大球后进气量，提高推球压力。

（3）排放球前天然气，增大推球压差引球，使球启动运行。

（4）将（2）、（3）两法同时使用。

2）球破裂

当清管球制作质量差，清管段焊口内侧太粗糙，或因输气管线球阀未全开时，可能将球剐破或削去一部分。

处理方法：

检查和判断球破的原因，排除故障，常采用再发一个球推顶破球运行。

3）球推力不足

当输气管线内污物污水太多，球在高差较大的山坡运行、球前静液柱压头和摩擦阻力损失之和等于推球压差时，球将不能推走污水而停止运行。此时可根据计算球的位置及管线高差图分析，当推球压力不断上升，推球压差增大，且计算所得球的位置又在高坡下时，可判断为推力不足。

处理方法：

一般采取增大进气量，提高推球压力。若球后压力升高到管线允许工作压力时，球仍不能运行，则可采取球前排气，增大推球压差，直到翻过高坡为止。

4）卡球

当球后压力持续上升，球前压力下降，推球压差已高于管线最大高差的静水压头 1.2 ~ 1.6 倍以上时球仍不运行，则球可能因管线变形或石块泥砂淤积堵塞而被卡。

处理方法：

首先采取增大进气量，提高推球压力，或排放球前天然气引球解卡。在用此法解卡时，要注意球后升压和球后放空都不能猛升猛放，避免球解卡时瞬时速度较快而产生很大的冲力，引起设备和管线震动。若此法不能解卡，则只能球后放空，球前停止输气，使球反方向运行，再正向运行。若堵塞物太多或管线变形较严重，球正向运行到原卡球处仍然被卡，则应将管线放空，根据容积法所计算的球的位置，割开管线，清除堵塞的石块污物或更换变形的管段。

复习思考题

1. 什么是煤层气矿场集输？
2. 煤层气集输的目的及类型？
3. 煤层气进行分离处理的原因有哪些？
4. 煤层气脱水的方法有哪些？
5. 低压煤层气集输流程。
6. 含水煤层气开采地面工艺流程。
7. 清管的目的是什么？
8. 清管器有哪些？
9. 简述清管起收、发球操作。

第六章　煤层气地面工程主要设备

为了保证煤层气井的正常生产、稳产及高产，必须在井口和站（间）内安装一些能控制、调节气井产量和水量，对气、水进行外输的设备，统称为井口设备。这些设备通过管、阀串连成一个系统，是整个煤层气生产过程中不可缺少的。

第一节　煤层气排水采气井口装置

一、井口装置的作用和组成

目前使用的煤层气井口设备是由气田气井口演化而来的，与现在低压油井的井口相似或相同。不论哪种井口装置其设备组成都是相同的，一般由套管头、油管头和采气树三部分组成。井口装置是井口流程的主要设备之一，将油管头和单层套管的套管头合成一体，其优点是结构简单，使用方便。该装置由油管通过油管短节用螺纹和油管悬挂连接后，座于套管法兰内，压缩密封圈、密封油、套环形空间，并用四条螺栓紧平和加压。

1. 井口装置的作用

井口装置是控制和调节油井生产的主要设备，它的主要作包括：

(1) 悬挂油管，承托井内全部油管柱重量。

(2) 密封油套管环形空间。

(3) 控制和调节油井的生产。

(4) 保证各项井下作业施工的顺利进行。

(5) 录取油、套压力资料，进行测压，清蜡等日常管理。

2. 井口装置的组成

井口装置的由套管头、油管头、采气树组成。

1) 套管头

套管头在整套井口装置下端，其作用是下面连接井内相邻两层套管并密封两套管的环形空间，上面连接油管头。

计算井下深度时，需要的套补距数据。套补距，是指从油层套管最上一根接箍的上平面至转盘补心（钻井平台的转盘）的距离。

2）油管头

装在套管头和采气树之间，它包括油管悬挂器和套管四通。

油管悬挂器的作用是悬挂井内管柱，密封油管与油层套管间的环形空间；

套管四通的作用是进行正、反循环洗井，观察套管压力以及通过油、套管环形空间进行各项作业。

计算井下深度时，需要油补距数据。油补距，是指从油管挂平面（大四通上法兰平面）到转盘补心上平面的距离。

3）采气树

采气树是指油管头以上的部分，其作用是控制和调节升举到井口的气流方向，采出气进入排气管线。

3. 煤层气井口装置

煤层气井口装置，是完井后用于控制煤层气的流量和井口压力、开关以及井下作业时进行井口操作的装置。

如图 6.1 所示，煤层气井口装置，同有杆泵井口装置，也称简易井口装置。

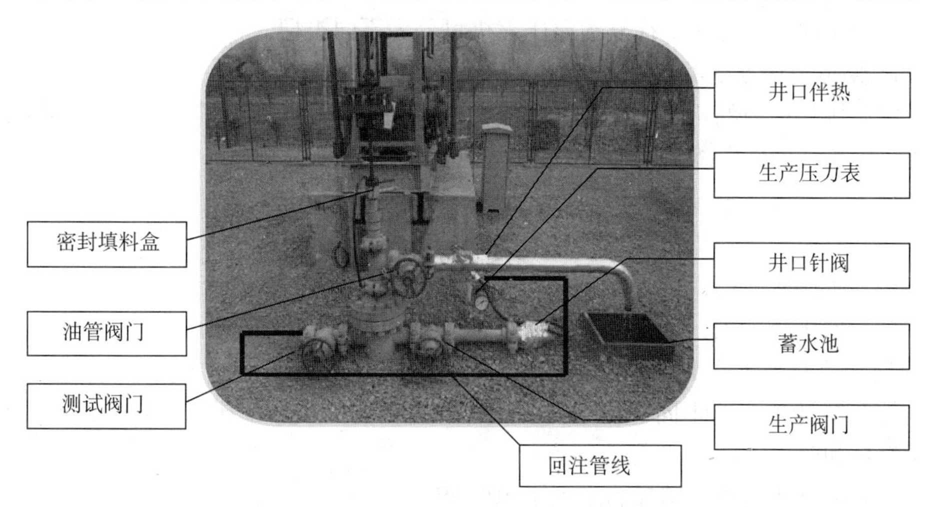

图 6.1　煤层气井口装置

井口装置各部件的作用：

（1）密封填料盒的作用：与光杆配合密封井口，和长庆的井口密封填料结构有所不同，主要是井口压力比较低。

（2）油管阀门的作用：装在油管三通的一侧，作用是控制水、气向出油管线流动。

（3）测试阀门的作用：装在套管四通的一侧，作用是测取液面资料，通过测压阀门使气井在不停产时进行下压力计测压、测温，完成井下洗井等作业。

（4）生产阀门的作用：装在套管四通的一侧，其作用是控制气向出气管线流动，用来开关井。

（5）井口针阀的作用：用来调节气井的压力和产量，又称节流阀。

（6）生产压力表的作用：用于录取套压资料。

（7）井口伴热的作用：用来给油管加热，在冬季防止出来的水结冰。

（8）蓄水池的作用：回收并排出井内水。

（9）回注管线的作用：向井内注水，控制井筒内液面。

第二节　压　缩　机

压缩机是可将原动机所做的功转换成气体的压力能和动能，以提高气体压力的机械。本节主要介绍往复活塞压缩机的基本知识。

一、往复活塞压缩机的类型

按照不同分类方法，往复活塞压缩机可分为不同类型。

1. 按排气压力分类

按照排气压力的不同，往复活塞压缩机可分为超高压压缩机、高中压压缩机、中压压缩机和低压压缩机四类。

（1）超高压压缩机：排气压力大于 98.0MPa。

（2）高中压压缩机：排气压力为 9.8 ～ 98.0MPa。

（3）中压压缩机：排气压力为 0.98 ～ 9.8MPa。

（4）低压压缩机：排气压力为 0.2 ～ 0.98MPa。

2. 按消耗功率分类

按照消耗功率的不同，活塞往复压缩机可分为大型压缩机、中型压缩机、小型压缩机和微型压缩机四类。

（1）大型压缩机：消耗功率大于 500kW。

（2）中型压缩机：消耗功率为 100 ～ 500kW。

（3）小型压缩机：消耗功率为 10 ～ 100kW。

（4）微型压缩机：消耗功率小于 10kW。

3. 按排气量分类

按排气量的不同，往复活塞压缩机可分为大型压缩机、中型压缩机、小型压缩机和微型压缩机四类。

（1）大型压缩机：排气量大于 $60m^3/min$。

（2）中型压缩机：排气量为 10 ～ $60m^3/min$。

（3）小型压缩机：排气量为 1 ～ 10m^3/min。

（4）微型压缩机：排气量小于 1m^3/min。

4. 按汽缸在空间的位置（或者汽缸中心线的相对位置）分类

按汽缸在空间的位置（或者汽缸中心线的相对位置）不同，往复活塞压缩机可分为立式、卧式和角度式三大类。

1）立式压缩机

汽缸中心线与地平面垂直，即汽缸垂直布置，如图 6.2 所示。要用于中小排量与级数不太多的机型，某些小型立式压缩机是没有十字头的。

图 6.2　压缩机的汽缸为立式

2）卧式压缩机

汽缸中心线与地平面平行，按汽缸相对于机身的位置又分为一般卧式压缩机和对称平衡型压缩机，如图 6.3 至图 6.5 所示。

卧式压缩机的汽缸是水平布置的，主要有：

（1）一般卧式压缩机，其特点是汽缸都在曲轴的一侧，多用于小型高压机型。

（2）对称平衡型，其特点是汽缸分布在曲轴的两侧，相对两列汽缸的曲拐错角为 180°。电动机位于机身一侧者称为 M 形，电动机位于两列机身之间者称为 H 形，对称平衡型适用于大型压缩机。

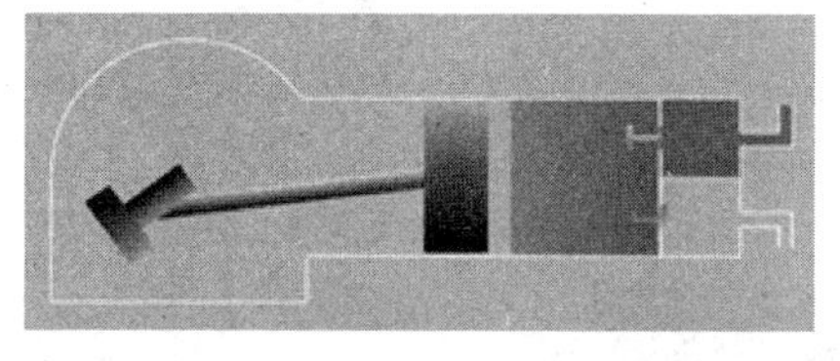

图 6.3　压缩机的气缸为卧式

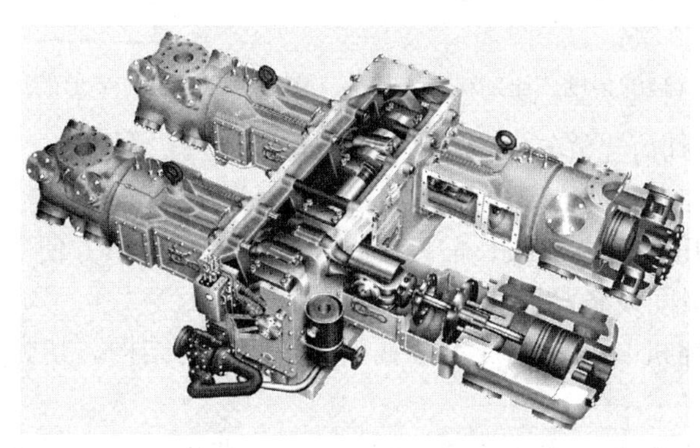

图 6.4　对称平衡式——汽缸为 H 形的压缩缸内部结构图

图 6.5　对称平衡式——汽缸为 H 形的压缩机实物图

3）角度式压缩机

角度式压缩机的汽缸中心线与地平面成一定角度，而且汽缸中心线彼此也成一定角度。按汽缸排列所呈形状，角度式压缩机可分为 L 形、W 形、V 形、扇形和星形等，如图 6.6 至图 6.9 所示。

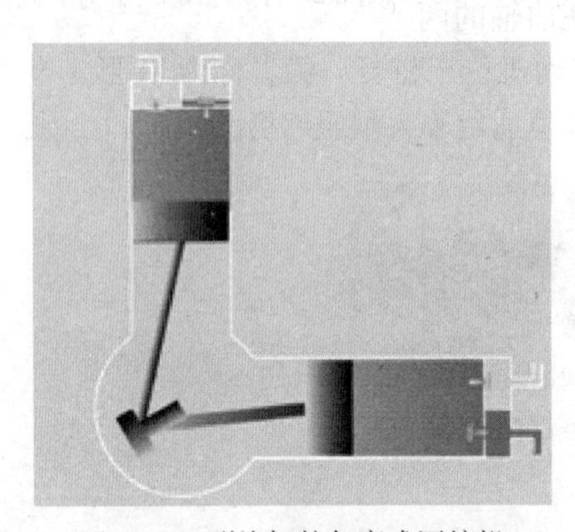

图 6.6　L 形汽缸的角度式压缩机

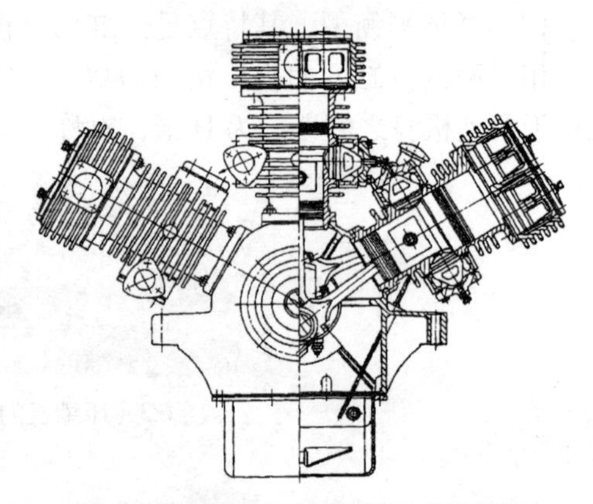

图 6.7　汽缸为 W 形的角度式压缩机

4）各类压缩机的优缺点

（1）立式压缩机：优点是主机直立，占地面积小；活塞重量不支承在汽缸上。缺点是大型立式压缩机高度大，需设置操作平台，操作不方便；管道布置困难；多级立式压缩机级间设备占地面积大。

（2）卧式压缩机：大都制成汽缸置于机身两侧的结构，其优缺点恰好和立式压缩机相反。

（3）角度式压缩机：优点是结构紧凑，每个曲拐上装有两根以上的连杆，使曲轴结构简单、长度较短，并可采用滚动轴承；缺点是大型角度式压缩机高度大。

图 6.8　汽缸为 W 形的角度式压缩机外观图

图 6.9　汽缸为 V 形的角度式压缩机

5. 按曲柄连杆机构分类

按曲柄连杆机构的不同，活塞往复压缩机可分为有十字头压缩机和无十字头压缩机。

6. 按活塞在汽缸的作用分类

按活塞在汽缸内的作用，活塞往复压缩机可分为单作用式、双作用式和级差式三种。

（1）单作用式：汽缸内仅一端进行压缩循环。

（2）双作用式：汽缸内两端都进行同一级次的压缩循环。

（3）级差式：汽缸内一端或两端进行两个或两个以上不同级次的压缩循环。

7. 按压缩机级数分类

按压缩机级数，活塞往复压缩机可分为：

（1）单级压缩机：气体经一级压缩达到终压。

（2）两极压缩机：气体经两极压缩达到终压。

（3）多级压缩机：气体经三级或三级以上压缩达到终压。

二、往复活塞压缩机的型号编制

（1）适用范围：适用于除制冷压缩机以外的容积式压缩机。

（2）型号编制。

往复活塞压缩机的型号编制如图 6.10 所示。

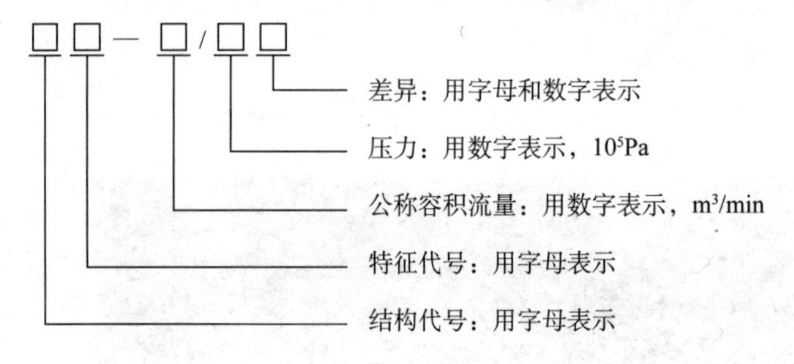

图 6.10　往复活塞压缩机的型号编制

（3）往复活塞压缩机的结构代号分别有：V−V 型、W 型、L 型、S 型、X 型、Z 型、P 型、M 型、H 型、D 型、DZ 型、ZH 型、ZT 型等。

——隔膜式压缩机的结构代号用 G（GE—隔）来表示；

——螺杆式压缩机的结构代号用 LG（LUO−GAN 螺杆）来表示；

——滑片式压缩机用 HP 来表示；

——涡旋式压缩机用 OX 等代号来表示。

（4）具有特殊使用性能的容积式压缩机，其特征代号为：

——W：无润滑；

——WJ：无基础；

——D：低噪声罩式；

——B：直联便携式。

（5）公称容积流量：型号中的公称容积流量是指压缩机排出的气体在标准排气位置的实际容积流量。

（6）压力：吸气压力为常压时，型号中压力一项仅表示压缩机公称排出压力的表压值。

（7）差异：为了便于区分容积式压缩机的品种，必要时可以使用型号的最末项（差异），但应避免全部用数字表示。

（8）容积式压缩机的全称由两部分组成：型号加汉字表示压缩机特征或压缩介质。凡属于增压、特环、真空、联合性质的压缩机均应标明其特征。

（9）压缩机的型号及全程示例：

——WWD—0.8/10 型空气压缩机：往复活塞式、W 型，无润滑、低噪声罩式，公称容积流量 0.8m^3 /min，公称排气压力 10×10^5Pa。

——LGFD—20/7 型喷油螺杆压缩机：螺杆压缩机，风冷、低噪声罩式，公称容积流量 20m^3 /min，公称排气压力 7×10^5Pa。

——HPY—12/7 型空气压缩机：滑片压缩机，移动式，公称容积流量 12m^3/min，公称排气压力 7×10^5Pa。

三、往复活塞压缩机的特点

1. 优点

（1）适应压力范围广。不论流量大小，都能得到所需要的压力，排气压力宽。

（2）压缩效率较高。热效率高，$\eta = 0.7 \sim 0.85$。

（3）适应性强。气量调节时，排气量几乎不受排气压力的影响，气体的重度对压缩机的工作性能影响不大。

（4）对制造压缩机的金属材料要求不苛刻。

2. 缺点

（1）排出气体带油污。

（2）排气不连续，气体压力有脉动。

（3）转速不宜过高。

（4）外形尺寸及基座较大；结构复杂笨重，易损件多，占地面积大，维修工作量大，使用周期一般在 8000h 以上。

四、往复活塞压缩机组基本构造和工作原理

1. 单级往复式压缩机的工作原理（理论工作循环）

发动机曲轴通过连轴器带动压缩机曲轴旋转时，压缩机曲轴通过连杆、十字头、活塞杆带动活塞在汽缸内做往复运动而实现吸气，压缩，排气的工作循环。当活塞由外止点向内止点（曲轴端）运动时，汽缸容积增大，压力减小，当其压力低于工艺气进气压力时，进气阀打开进气，而实现汽缸的吸气过程，当活塞到达内止点时，吸气过程结束。当活塞在曲轴的带动下向外止点运动时，汽缸容积

减小，当压力大于工艺气排气压力时，排气阀打开排气，而实现汽缸压缩过程（图 6.11、图 6.12）。

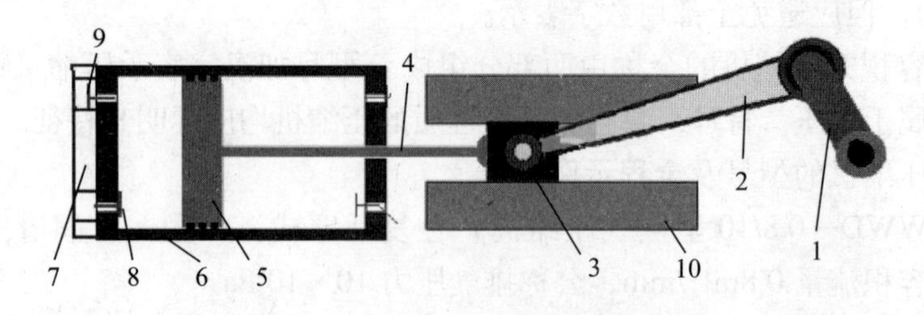

图 6.11　单级往复活塞式压缩机的结构图

1—曲轴；2—连杆；3—十字头；4—活塞杆；5—活塞；6—汽缸；7—缸头；8—进气阀；9—排气阀；10—机体

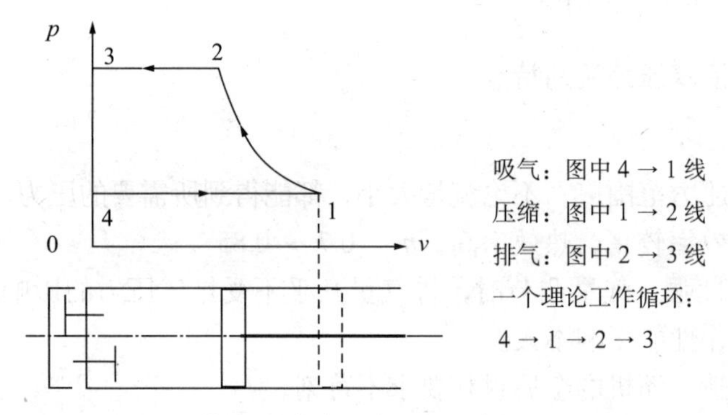

图 6.12　往复活塞式压缩机的理论循环指示图

2. 多级往复式压缩机的工作原理

为了制取较高压力的压缩气，常采用多级压缩的方法。采用多级压缩的原因如下：

（1）避免压缩后气体温度过高。

（2）提高汽缸容积系数。

（3）减少功耗。

多级往复式压缩机的工作原理是把气体的压缩过程分为两个或两个以上的阶段，在几个汽缸里依次进行压缩，使压力逐渐升高。当气体在第一级汽缸里被压缩到一定压力后，就送入一个专设的级间冷却器，把热量充分地传给冷却水，然后再送入第二级汽缸里继续压缩（图 6.13）。

多级压缩可节省压缩气体的指示功，降低排气温度，提高容积系数，降低活塞力。若采用单级压缩，为了承受终压很高的气体压力，汽缸必须做得很厚；为了吸入初压很低而体积很大的气体，汽缸又要做得很大。若采用多级压缩，则气

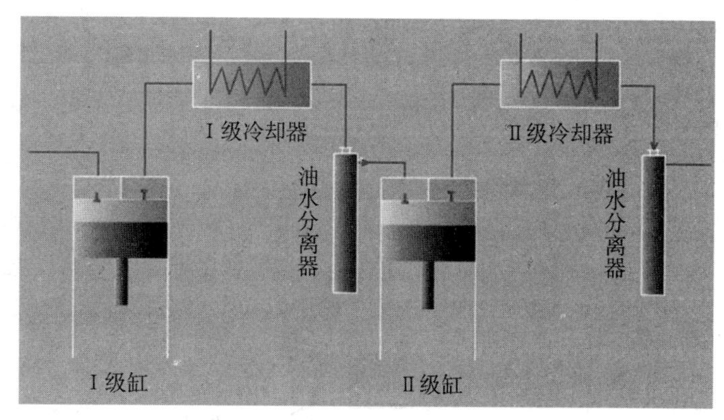

图 6.13　多级往复式压缩机的工作原理图

体经每一级压缩后，压力逐渐增大，体积逐渐减小，汽缸的直径可逐级缩小，而缸壁可逐级增厚。

3. 往复活塞压缩机组基本构造

往复活塞压缩机由主机和辅机两大部分构成。主机由运动机构、工作机构和机身组成；辅机由润滑系统、冷却系统和气路组成。

（1）往复活塞压缩机组主机的主要组成部件有：

①运动件，包括活塞、连杆、曲轴、十字头、气门、皮带轮或联轴器等。

②固定件，包括机体、汽缸套和汽缸盖等。

此外，往复活塞压缩机的辅助系统包括：冷却系统、润滑系统、启动系统、配气机构、进排气系统、燃料系统及调节机构、安全保护装置和增压系统（个别机器有）。

（2）往复活塞压缩机组主要组成部件还可分为：

①动力端，包括飞轮、曲轴、连杆、十字头，它们的功用是传递动力，将动力机构的旋转运动转化为活塞的往复运动。

②液力端（又称工作端），包括活塞杆、活塞、汽缸、缸头、进排气门阀等，它们的功用是对工作介质（需要增压的气体）做功，将动力机构的机械能转化为压缩的工作介质的流体能。往复活塞压缩机的基本构造如图 6.14 所示。

4. 汽缸与缸套组件

汽缸与缸套组件包括机身、汽缸、缸套等零部件，是压缩机的固定部分，其中汽缸与缸套是最重要的机体组件（图 6.15）。

（1）汽缸与缸套的要求：

①应具有足够的强度与刚度；要求汽缸内部工作面及尺寸应有必要的加工精度和表面粗糙度，有良好的耐腐蚀性；余隙容积尽可能小些。

②应具有良好的冷却与润滑条件；汽缸上的开孔和通道，在尺寸和形状等方

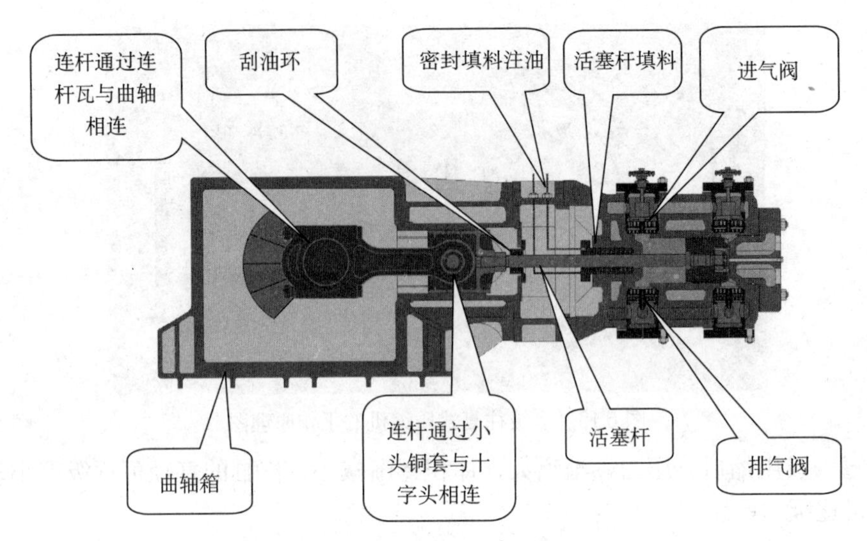

图 6.14 往复活塞压缩机构造图

面要尽可能有利于减少气体阻力损失；应有利于制造和便于检修，符合系列化、通用化、标准化的“三化”要求，以便于互换；应力求结构简单，造价低。

图 6.15 各种压缩机的机身

(2) 汽缸与缸套的材料：一般是整体铸造或分段铸造组合成型，常用材料有铸铁（ZT200，ZT250）、合金铸铁、铸钢和锻钢等。

(3) 按其冷却方式可分为风冷式汽缸体（图 6.16 和图 6.17）和水冷式汽缸体两种。

(4) 汽缸的工作表面（镜面），是指与活塞外圆相配合的气缸（或缸套）的内壁表面。

(5) 薄壁缸套：气缸的工作表面经过若干时间使用后，由于磨损的结果，常因间隙过大或表面粗糙等原因不能继续使用。因此，可将工作表面再次加工或压入一个圆桶型的薄壁缸套。

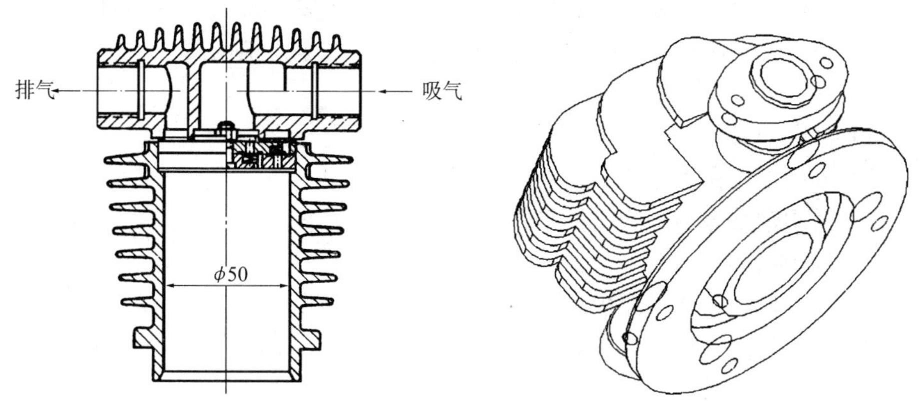

图 6.16　风冷式汽缸结构图　　　　图 6.17　风冷式汽缸实物图

(6) 缸套可分为：

①干式缸套，不直接与冷却水接触的缸套；

②湿式缸套，直接与冷却水接触的缸套。

5. 活塞、活塞环

活塞组件包括活塞、活塞环和活塞杆等。它们在汽缸中做往复运动，与汽缸一起构成压缩容积。

(1) 活塞种类：包括盘式、筒形、柱塞式、级差式、组合形等。

(2) 活塞材料：常用铸铁材料，如 HT200，HT250，HT300；也有铸钢材料，如 20，A3，16Mn。

活塞环材料有灰铸铁、球墨铸铁、合金铸铁、铜合金。

石墨填料主要有充聚四氟乙烯、环氧树脂等。

(3) 活塞杆：活塞杆的作用是连接活塞和十字头，传递作用于活塞上的力并带动活塞运动。对活塞杆的主要要求有：活塞杆要有足够的强度、刚度和稳定性；耐磨性好并有较高的加工精度和表面粗糙度要求；在结构上尽量减少应力集中的影响；保证连接可靠，防止松动；活塞杆的结构设计要便于活塞的拆装。活塞杆材料有：45，40Cr，38CrMoAlA，3Cr13。

(4) 活塞环：活塞环的作用是密封汽缸并传送活塞顶部所吸收的热量。一般三道活塞环便可以实现密封。活塞环均为开口环。

6. 气阀

气阀的作用是控制汽缸中的气体吸入和排出。压缩机上的气阀都是自动气阀，即气阀的启闭不是用专门的控制机构而是靠气阀两侧的压力差来自动实现及时启闭的。

1）对气阀的主要要求

对气阀的主要要求是：气阀开闭及时，关闭时严密不漏气；气流通过气阀时，阻力损失小；气阀使用寿命长；气阀形成的余隙容积小；结构简单，互换性好。

气阀在汽缸上的配置有三种方式：

(1) 气阀配置在汽缸盖上。

(2) 气阀配置在汽缸体上。

(3) 气阀轴线与汽缸轴线呈非正交混合配置方式。

2）气阀布置的主要要求

(1) 尽量使气阀通道面积大些，以减少气流阻力损失。

(2) 配置气阀力求汽缸余隙要小。

(3) 气阀安装维修方便。

(4) 对于高压汽缸，尽可能不要在汽缸上开孔，以免消弱汽缸或引起应力集中。

3）气阀的组成

气阀的组成包括：阀座、螺栓、阀片、螺母、升程限制器等（图 6.18 和图 6.19）。

进排气阀门结构一样，上下两层的孔隙是相对错开的，进气端的筋板与下层的孔槽正对着，进气时气压吹开下层阀片，通过孔槽进入汽缸，压缩时下层紧贴在上层端面，孔隙与筋板贴紧密封阻挡气流。

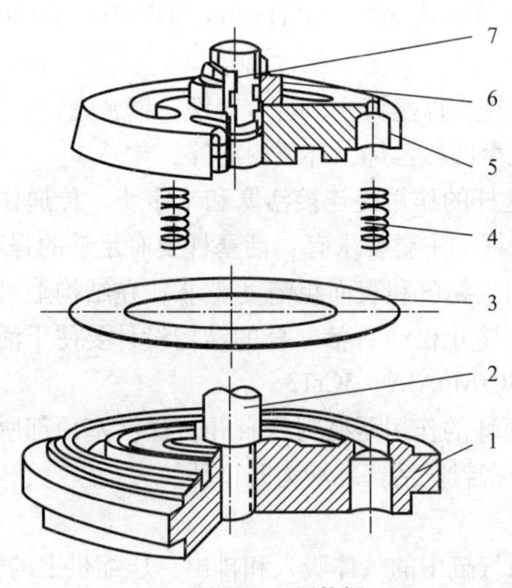

图 6.18 环状阀

1—阀座；2—连接螺栓；3—阀片；4—弹簧；5—升程限制器；6—螺母；7—开口销

图 6.19 压缩机气阀结构

4）气阀的种类

常见的气阀种类有环状阀、网状阀等。

7. 曲柄—连杆机构

压缩机的曲柄—连杆机构不仅要将驱动的回转运动转换为活塞的往复直线运动，而且是传递动力的机构。

曲柄—连杆机构包括曲轴、连杆、十字头等组件。

曲柄—连杆机构应具有足够的强度、刚度，耐磨性好、结构简单、轻便，便于制造、拆装和维修。

8. 辅助系统

1）润滑系统

（1）润滑系统的功用：减磨损，延寿命，降耗功，防锈蚀，降温升，防锈。

（2）润滑系统的润滑方式：

①飞溅润滑，曲柄连杆旋转飞溅润滑油；

②喷雾润滑，喷嘴雾化喷淋润滑；

③压力润滑，泵压润滑。

（3）润滑油的种类：机械油、压缩机油、制冷机油、油脂、环烷基油、石蜡基油和硅酮油等。

2）冷却系统

压缩机在压缩气体时，气体的体积缩小，温度升高，因此，需要冷却系统对压缩机进行冷却。

(1) 冷却系统的功用：降低温度，防止过热，减少功耗。

(2) 冷却系统的主要冷却方式：

①风冷，即使用空气冷却，机身上有散热片或风扇等；

②水冷，属于强制冷却，缸体上有水套、管路，泵压水循环系统等。

第三节　天然气发电机

一、电力系统概述

1. 电能的产生

电能是由发电厂生产的。发电厂一般建在燃料、水力丰富的地方，而和电能用户的距离一般又很远。为了降低输电线路的电能损耗和提高传输效率，由发电厂发出的电能，要经过升压变压器升压后，再经输电线路传输，这就是所谓的高压输电。电能经高压输电线路送到距用户较近的降压变电所，经降压后分配给用户应用。这样，就完成一个发电、变电输电、配电和用电的全过程。连接发电厂和用户之间的环节称为电力网。发电厂、电力网和用户组成的统一整体称为电力系统，如图 6.20 所示。

2. 基本概念

输电就是将电能输送到用电地区或直接输送到大型用电户。输电网是由 35kV 及以上的输电线路与其相连接的变电所组成，它是电力系统的主要网络。输电是联系发电厂和用户的中间环节。输电过程中，一般将发电机组发出的 6 ~ 10kV 电压经升压变压器变为 35 ~ 500kV 高压，通过输电线可远距离将电能传送到各用户，再利用降压变压器将 35kV 高压变为 6 ~ 10kV 高压。配电是由 10kV 级以下的配电线路和配电（降压）变压器组成。它的作用是将电能降为 380/220V 低压再分配到各个用户的用电设备。

3. 电能的质量指标

电能的质量指标主要包括电压、频率、波形。

电力系统中的所有电气设备，都是在一定的电压和频率下工作的。电气设备的额定频率和额定电压，是其正常工作且能获得最佳经济效果的频率和电压。频率和电压是衡量电能质量的两个基本参数。

一般交流电力设备的额定频率为 50Hz，此频率通称为“工频”。工频的频率偏差一般不得超过 ±0.5Hz。如果电力系统容量达 3000MW 或以上时，频率偏差则不得超过 ±0.2Hz。但是频率的调整，主要依靠发电厂调节发电机的转速来实现。

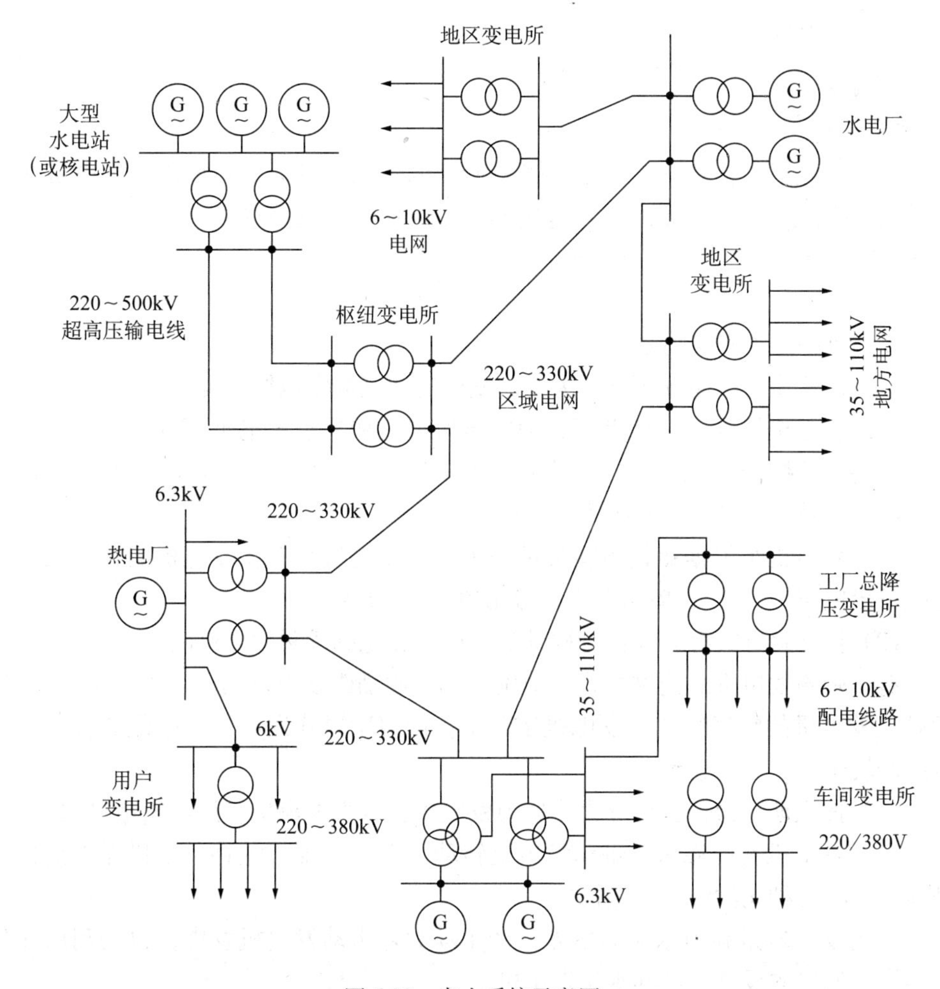

图 6.20　电力系统示意图

对工厂供电系统来说，提高电能质量主要是提高电压质量的问题。电压质量是按照国家标准或规范对电力系统电压的偏差、波动和波形的一种质量评估。

电压偏差是指电气设备的端电压与其额定电压之差，通常以其对额定电压的百分值来表示。

电压波动是指电网电压的幅值（或有效值）的快速变动。电压波动值以用户公共供电点的相邻最大与最小电压方均根之差对电网额定电压的百分值来表示；电压波动的频率用单位时间内电压波动（变化）的次数来表示。

电压波形的好坏用其对正弦波形畸变的程度来衡量。

二、发电机

1. 发电机简介

1）概述

目前，在用、在建集气站用电设备所用的电均由发电机来提供，发电机在各集气站的作用是至关重要的，发电机不正常或瘫痪，就会造成集气站甚至干线的生产中断。

2）分类

发电机的分类方式通常有以下三种：

(1) 按转换的电能方式可分为交流发电机和直流发电机两类。

交流发电机根据转速特点可分为同步发电机和异步发电机两种。同步发电机又分为隐极式同步发电机和凸极式同步发电机两种。现代发电站中最常用的是同步发电机，异步发电机很少使用。

交流发电机组根据相数不同又可分为单相发电机和三相发电机两种。三相发电机输出电压为380V，单相发电机输出电压为220V。

(2) 按励磁方式可分为：有刷励磁发电机和无刷励磁发电机两类。

有刷励磁发电机的励磁方式为他励式，无刷励磁发电机的励磁方式为自励式。他励式发电机的整流装置在发电机定子上，而自励磁式发电机的整流装置在发电机组的转子上。

(3) 按驱动动力分类可分为：风力发电机、水力发电机、燃油发电机三类。

风力发电机是依靠风力带动发电机转动，产生电流；这种发电机无需消耗额外能源，是一种无污染的发电机。

水力发电机是利用水流的落差，产生动力，带动发电机发电，也是利用绿色自然资源发电的设备，又称水轮发电机。

燃油发电机是依靠柴油或汽油燃烧产生动力带动发电机组的。在一些服务行业或小型加工业中，使用小型燃油发电机可以起到应急的作用。遇到停电，就可启动燃油发电机发电，以维持正常工作。

3）燃气发电机的原理

燃气发电机的工作原理同汽油发电机，它是一种以液化气、天然气等可燃气体为燃烧物，代替汽油、柴油作为发动机动力的新型、高效的新能源发电机，利用了成熟稳定的内燃机技术。经过发电机输出稳定可靠的交流电，电压的稳态调整率、波动率，不对称负载下线电压偏差，线电压波形正弦畸变率，瞬态电压调整率及稳定时间均满足国标要求。

燃气发电机具有输出功率范围广，启动和运行可靠性高、发电质量好、重量轻、体积小、维护简单、低频噪声小等优点。

4）结构组成

发电机通常由定子、转子、端盖、机座及轴承等部件构成，如图 6.21 所示。

图 6.21　发电机的分解图

定子由机座、定子铁芯、线包绕组，以及固定这些部分的其他结构件组成。

转子由转子铁芯（又称磁扼、磁极绕组）、滑环（又称铜环、集电环）、风扇及转轴等部件组成。

由轴承及端盖将发电机的定子、转子连接组装起来，使转子能在定子中旋转，做切割磁感线的运动，从而产生感应电势，通过接线端子引出，接在回路中，便产生了电流。

发电机的定子和转子除了是一个原动力的拖动外，是完全独立、互不干扰的两部分。发电机的定子是有功源，产生感应电动势、电流，在原动力的拖动下，向外输出交流电；发电机的转子是无功源、绕组从外部引入直流电建立磁场，在原动力的拖动下，向外输送无功。

5）性能

（1）主磁场的建立。励磁绕组通以直流励磁电流，建立极性相间的励磁磁场，即建立起主磁场。

（2）载流导体。三相对称的电枢绕组充当功率绕组，称为感应电势或者感应电流的载体。

（3）切割运动。原动机拖动转子旋转（给电动机输入机械能），极性相间的励磁磁场随轴一起旋转并顺次切割定子各相绕组（相当于绕组的导体反向切割励磁磁场）。

（4）交变电势的产生。由于电枢绕组与主磁场之间的相对切割运动，电枢绕组中将会感应出大小和方向按周期性变化的三相对称交变电势。通过引出线，即可提供交流电源。

（5）交变电动势有效值。每相感应电动势的有效值为：

$$E_0=4.44fn\phi k$$

式中 f——感应电动势频率；

n——同步电动势的转速；

ϕ——磁通量；

k——结构系数。

（6）感应电动势频率。感应电动势的频率决定于同步电动机的转速 n 和极对数 p，即

$$f=pn/60$$

（7）交变性与对称性。由于旋转磁场极性相间，使得感应电动势的极性交变；由于电枢绕组的对称性，保证了感应电势的三相对称性。

2. 常见发电机简介

1）18RFZ–72N 燃气发电机

该发电机额定功率 18kW，是由美国科勒公司生产的，发动机采用美国福特（ FORD）公司生产的 LSG–423 发动机。该发电机采用 5 灯微处理控制器来实现控制，它主要控制发电机的五项指标，即高水温（103℃）、低油压（103kPa）、超转数（2100r/min）、启动超时（45s 或 75s 一个周期）、低水位，通过这五项的控制来保护发动机不会过早损坏。

发动机采用正时皮带带动进排气门凸轮轴，控制进排气门的关闭与开启，点火时间由点火模块控制。

发电机的电压与频率分别由调压器、频率板控制，并通过发电机的感应线圈、励磁导线及磁性拾取器传输的信号来控制调整。

2）30RFZ 燃气发电机

该发电机额定功率 30kW，发电机采用美国福特（FORD）公司生产的 CSG–649 发动机。该发电机采用 7 灯微处理控制器来实现控制，它主要控制发电机的七项指标，即高水温（103℃）、低油压（103kPa）、超转数（2100r/min）、启动超时（45s 或 75s 一个周期）、低水温、空气脏及其他故障。

发电机的点火控制由发动机上分电盘控制，此原理与普通汽油汽车原理一样。发电机的电压与频率分别由调压器、频率板控制，他们分别通过发电机的感应线圈、励磁导线及磁性拾取器传输的信号来控制调整的，与 18RFZ 发电机控制原理基本相同。

3）30GGFB 燃气发电机

该发电机额定功率 30kW，发电机采用美国福特（FORD）公司生产的 GGFB 发电机。该发电机由三个继电器分别控制发电机的启动、运行及故障停机。发动机的点火控制由发动机上分电盘控制，此原理与普通汽油汽车原理一样。发电机的电压与频率分别由调压器、执行器（调速板）控制，它们也是分别通过发电机的感应线圈、励磁导线及磁性拾取器传输的信号来控制调整的。

3. 发电机的操作

发电机的使用方面主要介绍 18RFZ–72N 燃气发电机，其他两种发电机仅介绍操作上的特别之处。

1）启动前的检查

每次启动发电机时，必须进行八项常规项目的检查。

（1）油位：油位应位于油尺满刻度或满刻度附近，但不能超过。

（2）空气滤子：必须保持清洁且正确安装，以防止未过滤的空气进入发动机。

（3）传动皮带：检查散热器风扇、水泵，以及电瓶充电机皮带的松紧度，保证它们处于良好的工作状态。

（4）工作区域：要保证工作区没有障碍物，不影响空气的流通，并且工作区保持干净，以防工具、碎布及固体颗粒留在发电机上或附近。

（5）排气系统：各连接部位必须保证紧固有效，以防止发生意外。

（6）燃料系统：测量燃气压力，保证在 127mmH_2O 到 400mmH_2O（即 1.27 ~ 4.00kPa）范围内。

（7）电瓶：检查电瓶连线是否紧固，电瓶液位是否达到要求。

（8）冷却液：冷却液应低于加液口约 19 ~ 38mm（注意：在发动机变冷之前，千万不要给发动机加冷却液，否则将损坏发动机机头）。

2）发电机的启动

（1）将发电机打铁开关接通。

（2）将发电机测试开关拨至“TEST”位置，检测发电机各个指示的工作情况。

（3）将发电机控制开关拨到“RUN”位置，启动发电机（注意：发电机采用五灯控制器控制，具有连续启动75s或间歇启动45s，实际中一般设置成连续启动）。

（4）发电机平稳运转后合上负荷开关。

3）运行中的检查

运行一般要求1h检查一次，特殊情况要求增加检查的频率。运行中主要检查以下内容：

（1）频率表。检查发电机的频率是否在50Hz范围之内。

（2）交流电压表、电流表。检查发电机输出电压是否为380V，如果有偏差，则通过调整调压板及面板上的电压调节旋钮（一般调节5V左右）进行调节。电流表指示某一相线的负荷电流，通过它也可以检查发电机相电流是否平稳。

（3）油压表和水温表。检查油压表的机油压力是否正常，水温表显示是否存在超温现象，如果有，则清理发电机周围空间，使发电机周围空气畅通，保持发电机循环水温在100℃以下。

（4）发动机声响的检查。在检查中，应特别留意发电机组运行过程中的声响，这就要求平时多注意听发动机声音，是否有敲缸、撞击或规律性的异常声音。

（5）发电机机体温度的检查。用手背触摸发电机体温度，看是否温度过高。

总之，发电机的运行检查还要求采用“看、听、摸、闻、问”这五种设备巡回检查方法。

4）发电机的停机

（1）卸去发电机所有负荷，并检查发电机空转情况。

（2）关闭发电机控制开关。

（3）分离发电机打铁开关。

5）五灯控制器（指示灯）的检查

五灯控制器的检查，即故障停机检查。这种情况在发电机使用过程中是比较常见的，所以在故障停机后，首先要搞清楚是什么原因造成的停机。发电机故障停机后，首先看哪一个控制灯亮。

（1）高引擎温度：由于引擎冷却液温度高，停机灯亮，引擎温度达到大约103℃，10～12s后发电机自动停机。

（2）低油压：机油压力不足，引擎机油压力降至103kPa，10～12s后停机。

（3）超速：当转速达到 2100r/min 时，机组停机。

（4）启动过度：引擎在 45s 连续发动或 75s 循环启动不能启动时，该灯就会亮，发电机锁死。

（5）低水位 / 辅助系统：设定水位监控高低位点系统自动监控水位，当水位到达高点或低点时，系统自动报警发出声光批示。

4. 发电机使用中的日常维护

发电机的日常维护主要包括更换机油和机油滤子、吹扫空气滤子、保养电瓶、补充和更换防冻液等内容（所有操作均需在发电机停机时进行）。

1）更换机油和机油滤子

机油和机油滤子一般同时更换，当发电机运行满 400h 或检查发现机油变黑时可进行如下操作。

（1）准备油盆、棉纱、扳手等工具用具；

（2）将油盆放在放油阀下面，并打开油阀放出机油；

（3）打开机头机油盖，加速放油；

（4）放完油后拧下旧机油滤子并关闭放油阀；

（5）在新机油滤子里灌入一半机油，并将其拧在发电机上；

（6）加机油到油标尺的满刻度附近，拧上机头机油盖；

（7）收拾工具及用具，清洁工作场地。

2）吹扫空气滤子

空气滤子一般是满 100h 吹扫一次。操作步骤如下：

（1）准备棉纱、皮老虎等工具用具；

（2）拧下滤子盖，取出滤子；

（3）清除滤子、滤子盖内附着的灰尘等污物，并对滤子进行吹扫；

（4）将滤子装回发电机；

（5）收拾工具及用具，清洁工作场地。

3）电瓶保养

电瓶的保养主要包括补充电瓶电解液、打磨电缆连接桩头、检查电瓶连线等操作，下面着重介绍一下补充电瓶电解液的操作过程：

（1）日常检查中发现电解液低于液位刻度下限时，需对其进行补充；

（2）准备好棉纱、电瓶补充液等工具用具；

（3）拧开电瓶加液口；

（4）加入电瓶补充液到电瓶液位刻度上限；

（5）拧紧电瓶加液口；

（6）收拾工具用具，清洁工作场地。

4）补充和更换冷却液

在冬季环境温度低于 0℃时水箱内需加入防冻液，夏季气温高时可用清水代替防冻液，用清水更换防冻液时，要用清水反复冲洗水箱 3 ～ 5 次，确保无防冻液残留，因为如果冲洗不干净，将会严重腐蚀发动机和水箱。

5. 发电机使用故障分析与处理方法

发电机使用故障分析与处理方法，以 18RF2–72N 发电机为例进行说明。

1）故障现象

由于各集气站的生产为不间断生产，发电机所处的地位相当重要。所以，发电机故障的分析与排除必须有相当高得准确性与及时性。根据使用和维修经验，发电机常见且具有代表性的故障如表 6.1 所示。

表 6.1　发电机常见且具有代表性的故障

序号	机组分号	使用时间，h	故障现象
1	452125	4016	无法启动
2	451362	3014	引擎有异响
3	452219	1689	频率不稳
4	452038	3970	引擎高温，难启动
5	452215	3100	发电机有异响，带不成负荷

上表指出的故障现象在发电机故障中占 90% 以上，严重影响了集气站的正常生产。错误的故障分析和处理方法也严重地加大了维修时间和浪费了昂贵的配件，甚至造成了整个集气站的停产，影响全厂的输气工作。

2）处理方法

根据现场维修经验，把这些问题的分析过程与处理方式表述如下，供修理人员修理和使用人员参考。

(1) 发电机无法启动。

发电机无法启动包括许多因素，如缺水自锁，气量过低，电瓶没电，启动线路不通，点火时间不对等，可以按如图 6.22 所示程序来处理。

(2) 引擎有异响。

该发动机点火系统采用的是凸轮轴带动进排气口，由同步皮带同曲轴相连。一般情况下，引擎有异响主要由以下情况引起：进排气门偏磨，BOSO 气门弹簧断，砸瓦、连杆销等。检查排除这些故障应从简单到复杂逐级排除，解决程序如图 6.23 所示。

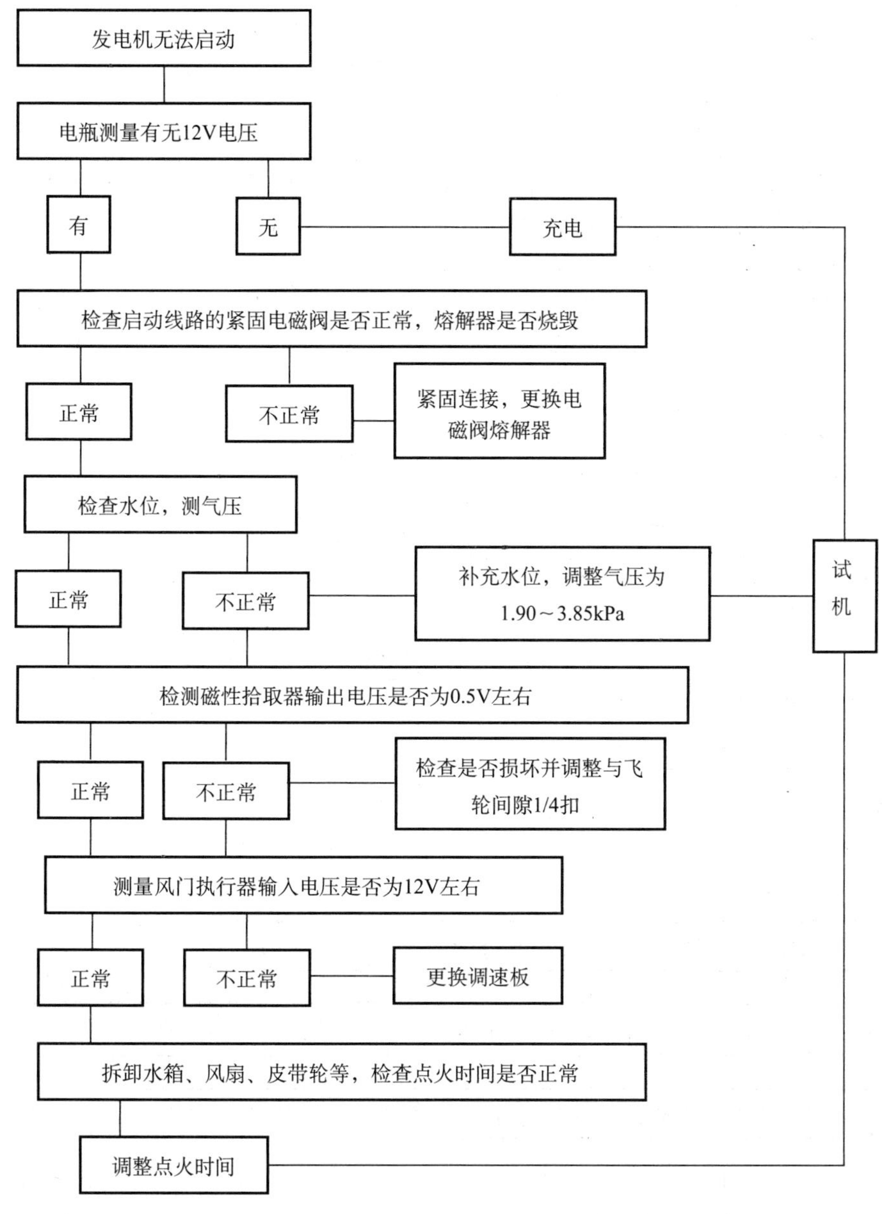

图 6.22　发电机无法启动时的处理程序示意图

（3）频率不稳。

发电机频率不稳的主要原因是发电机各相频率不稳和发电机与发动机的控制部分有故障造成的。解决途径如图 6.24 所示。

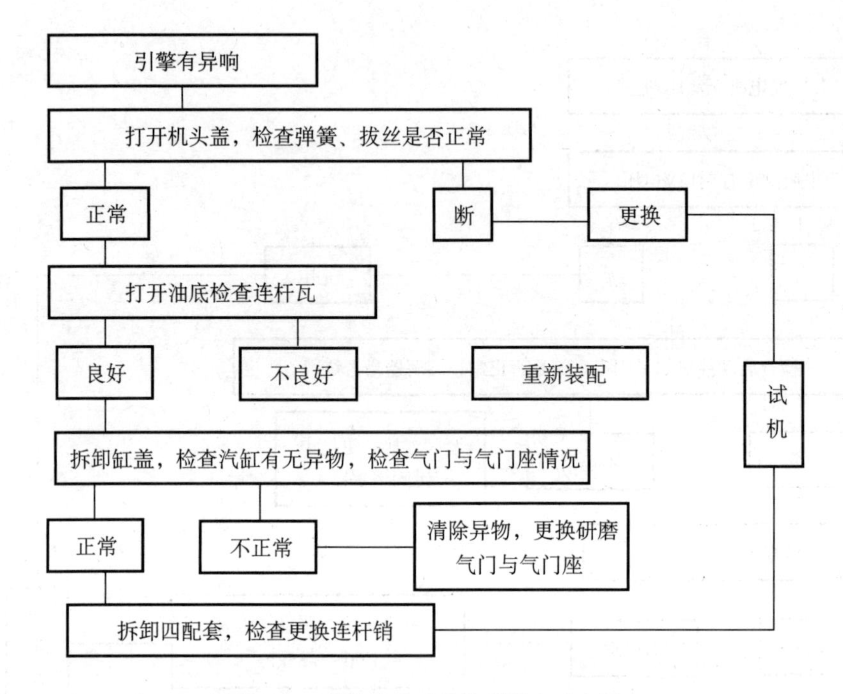

图 6.23　引擎异常时的处理程序示意图

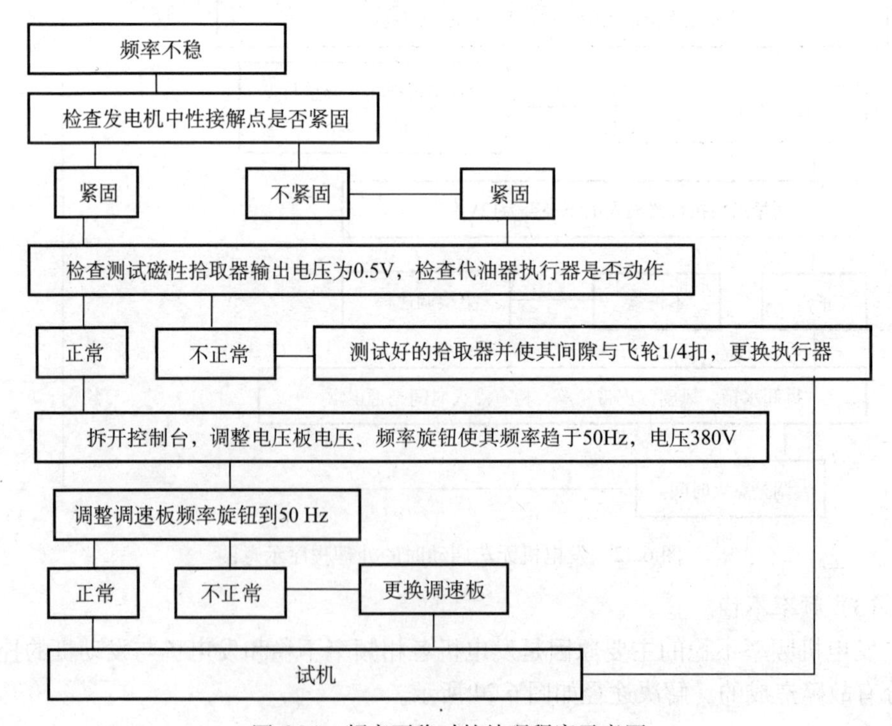

图 6.24　频率不稳时的处理程序示意图

（4）引擎高温，难启动。

这种情况主要由活塞环断引起，伴随这种现象的通常还有发动机冒黑烟等现象，可以用汽缸压力表测量一下各汽缸压力即可判断出哪一缸活塞环断。

（5）发电机无法带负荷，且有异常响声（沉闷声）。

这种情况主要与气路、气质、配电系统和发电机负荷有关。首先从气路、电路检查，保证发电机的气源压力及电路系统无漏电打铁，相应的对发电机在无负荷状况下进行测试，如图 6.25 所示。

以上分析的五种现象为 18RF2−72N 型发电机较为常见的故障。

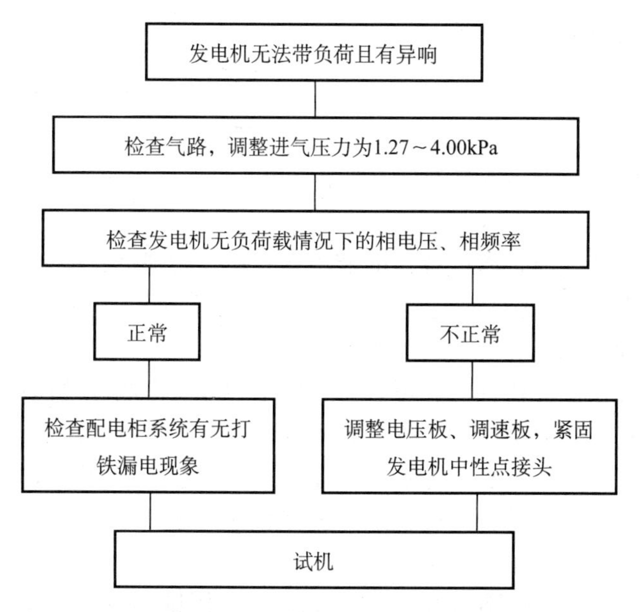

图 6.25　发电机无法带负荷且有异响时的处理程序示意图

第四节　分　离　器

从煤层中采出的煤层气中常含有固体、液体、气体杂质。固体杂质主要有：煤粉、压裂砂、腐蚀产物、垢；液体杂质主要是煤层承压水；气体杂质主要有水汽、少量硫化氢和二氧化碳等。这些固体、液体、气体杂质影响煤层气的管输工作，其危害是：

（1）天然气中各种杂质的存在影响了煤层气质量，达不到国家规定的商品气的质量标准，煤层气中硫化氢含量超标，无论是工业用气或是民用都是不安全的。

（2）煤层气中液体、固体杂质的存在，将妨碍气体在管道中的流动，降低管道的输送能力，甚至堵塞管道，减少输气量。

(3) 液、固杂质的存在，还会妨碍安装在管道上的各种设备的正常运转，造成阀门不能密封，仪表堵塞损坏，压缩机叶片被打坏，节流装置孔板被堵塞或磨损等，影响准确计量。

(4) 当煤层气中硫化氢、二氧化碳等酸性气体杂质与水同时存在时，将会对管道及设备产生严重的腐蚀。

由于上述原因，故在采输气站均设有分离除尘设备，以分离除掉煤层气中的各种杂质成分。

一、分离器分离基本原理

1. 重力沉降原理

主要靠气液密度不同实现分离。但它只能除去100μm以上的液滴，必须与其他分离方法配合，主要适用于分离器沉降段。

2. 离心分离原理

当液体改变流向时，密度较大的液滴具有较大的惯性，从而从气体中分离出来，这就是离心分离。它主要适用于立式分离器初分离段（切向进口）。

3. 碰撞分离原理

气流遇上障碍改变流向和速度，使气体中的液滴不断在障碍面内聚集，由于液滴表面张力的作用形成液膜。气流在不断地接触，将气体中的细油滴聚集成大液滴，靠重力沉降下来，它主要适用于捕雾段（分离器气体出口段）。

按分离器形状不同可分为圆柱形分离器和球形分离器；其中，圆柱形分离器又分立式和卧式两种。

按分离器的作用原理不同可分为重力式分离器和旋风式分离器。

二、重力式分离器

1. 立式重力式分离器

1）立式重力式分离器的结构

立式重力式分离器由筒体、进口管、出口管、伞形板、捕集器和排污管等部件组成。

2）立式重力式分离器的工作原理

天然气由进口管进入筒体，因筒体截面积远大于进口管截面积，天然气在筒体内流速降低，天然气与其中的液、固体杂质密度有差异，重量不同，液、固颗粒下降速度大于气流上升速度，液、固颗粒下沉容器底部，气流上升从出口管输出，从而实现液、固杂质与气体的分离（图6.26）。

3）立式重力式分离器内部分段

内部分段为分离段、沉降段、捕雾段和储液段四个区间。

（1）分离段：气液（固）混合物由切向进口进分离器后旋转，在离心力作用下重度大的液、固体被抛向器壁顺流而下，液、固体得到初步分离。

（2）沉降段：沉降段直径比气液混合物进口管直径大得多（一般是 1000 ： 159），所以气流在沉降段流速急速降低，有利较小液、固滴在其重力作用下沉降。

（3）捕雾段：用来捕集未能在沉降段内分离出来的雾状液滴。捕集器有翼状和丝网两种。翼状捕集器是由带微粒收集平行金属盘构成的迷宫组成的。丝网捕集器是用直径 0.1 ～ 0.25mm 的金属丝（不锈钢、紫铜丝等）或尼龙丝、聚乙稀丝编织成线网，然后不规则地叠成网垫制成。

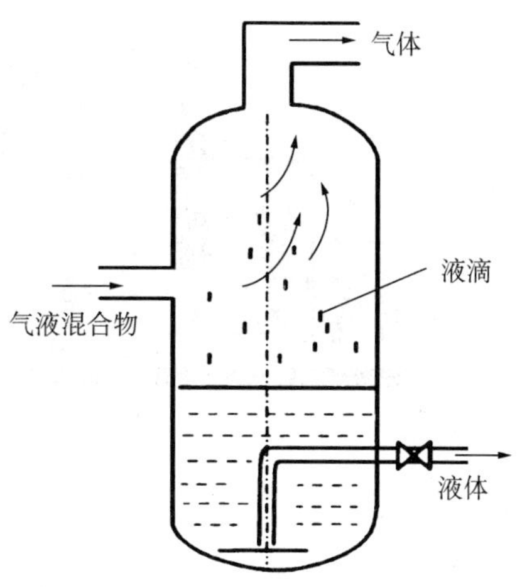

图 6.26　立式重力式分离原理

（4）储液段：储存分离下来的液、固体，经由排液管排出。

排污管的作用是定期排放污物（泥砂、锈蚀物等），防止污物堆积堵塞排液管。

设置伞形挡板是为了使液体均匀分散，促使气液分离和减少气流击拍液面。击拍液面会使液体质点被气体所包围，使进气流产生挟带液、固现象。分离后的净化气从顶部出口管经输气管线输走，分离出来的液、固体杂质则聚集在分离器底部，定期地或自动地（装有自动放水器）由排污管排出。

2. 卧式重力式分离器

1）卧式重力式分离器的工作原理

天然气由进气口进入筒体，流动面积突然扩大很多，流速减小，液、固杂质颗粒的直径较气体大得多，且密度大、重量大，在重力作用下，液、固杂质颗粒下沉，经连通管进入积液包，定期由排污管排放。分离除掉液、固杂质的天然气由出气口输出分离器。卧式重力式分离器的实物图与结构图如图 6.27 和图 6.28 所示。

2）立式和卧式重力式分离器的优缺点

在分离器直径和工作压力相同的情况下：

立式重力式分离器的优点在于，便于控制液面，易于清洗泥砂等脏物；结构简单占地面积小。

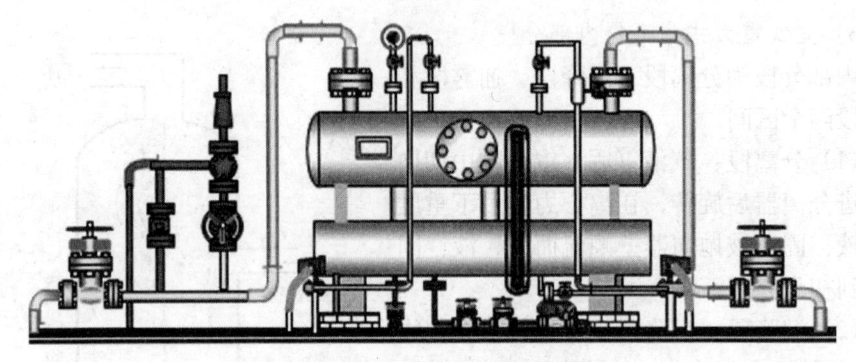

图 6.27　卧式重力式分离器实物图

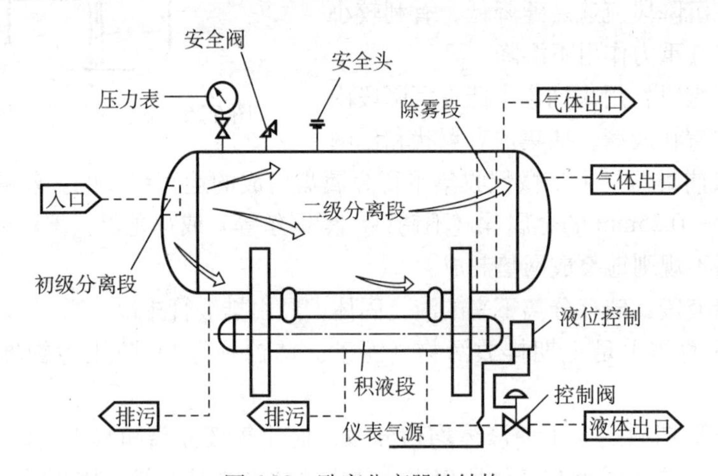

图 6.28　卧室分离器的结构

立式重力式分离器缺点在于，处理气量较卧式的小。

卧式重力式分离器的优点在于，卧式分离器处理气量大。

卧式重力式分离器的缺点在于，结构比立式复杂；液面控制困难；不易清洗泥砂等脏物；占地面积大。

适用条件：目前卧式分离器多应用于处理量大的集气站，以及用于对煤层气的净化前分离，中、小型集气站多以立式分离器为主。

影响重力分离器效率的主要因素是分离器的直径。在气量一定、工作压力一定时，直径大，气流速度低，对分离细小液滴有利。

三、旋风式分离器（亦称为离心式分离器）

天然气中的杂质颗粒小，仅靠重力分离，就得加大分离器筒体的直径，这样不仅筒体直径大，且壁厚也增加，加工困难、笨重。而旋风式分离器则可以用来分离重力式分离器难以分离的颗粒更微小的液固体杂质。

1. 旋风式分离器的工作原理

旋风式分离器是利用惯性离心力的作用从气流中分离出尘粒的设备。如图6.29所示是具有代表性的结构型式，称为标准旋风分离器，主体的上部为圆筒形，下部为圆锥形。当天然气由切线方向从进口管进入筒体时，在螺旋叶片的引导下，做回转运动。气体和液、固体颗粒因质量不同，其离心力也不同，液、固体杂质的离心力大被甩向外圈，质量小的气体因离心力小处于内圈，从而气体与液固杂质分离，天然气由出口输出，而液固杂质在自身重力作用下，沿锥形管下降至积液包，然后由排污管排出分离器。

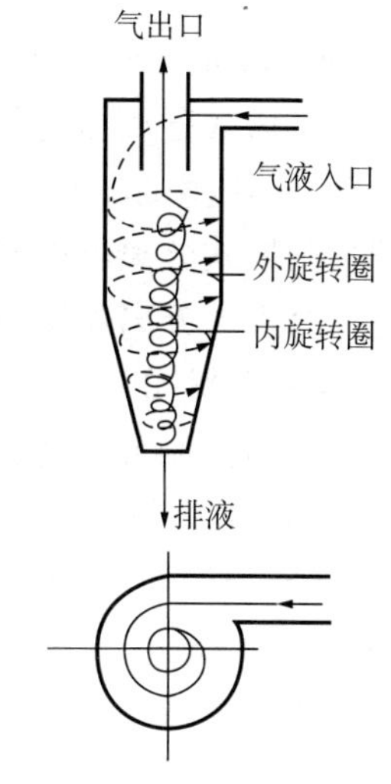

图6.29　旋风式分离器工作原理

2. 旋风式分离器的优缺点

旋风式分离器结构简单、处理气量大，分离效果比重力式分离器好。

与重力式分离器相比，离心式分离器的颗粒沉降速度比重力式分离器大，而且它还充分地利用了离心分离作用、重力作用和液体的黏附作用，因而在相同条件下，离心式分离器比重力式分离器处理量大，分离效果好，故输气站广泛应用。

旋风式分离器与重力式分离器相比，有其优点，但是也有缺点。旋风式分离器缺点：

（1）它对气体流量变化的适应性较差，在实际流量低于设计流量时，分离效果迅速降低；

（2）由于被分离的气体在分离器中具有很高的旋转速度（以增大离心力），所以气体在分离器中的能量损失也较大；

（3）离心式分离器对气体中的粉尘杂质（如管道内的硫化铁粉末）分离效果差（颗粒很小），而天然气在管道内长距离输送后，气中的主要杂质是腐蚀产物和铁屑粉末，分离器又很难分离这些粉尘。输气站上往往用过滤器来解决天然气的分离除尘问题。

3. 旋风式分离器的两大部件

（1）螺旋叶片，主要起导流和增加回旋条件的作用。

（2）锥形管，是一个上大下小的锥筒状管，气体下旋到锥筒部分，由于回旋半径逐渐减少，因而速度逐渐增大，到锥形管下端时速度最大，静压强最小，而锥形管口外积液罐内静压强大，故分离后的净气不会向下流出锥形管，而反向上升，呈旋风状经中心管输出。

4. 旋风式分离器应用注意事项

(1) 旋风式分离器的使用，应注意其工作条件符合设计压力要求，严禁超压使用，以防超压引起爆炸。

(2) 旋风式分离器的实际处理量应符合分离器的设计处理能力，保证高效率的分离。对重力分离器实际处理能力不得超过设计能力；对旋风式分离器实际处理能力应在其设计的最大和最小通过能力之间。

(3) 严格控制分离器内的液面，将液面控制在合适的高度，达到连续排液，又不使液面过高，以免出现气流狭带液体的现象。

(4) 平时勤检查，摸索掌握分离规律，及时排除分离液固杂质，防止污水窜出分离器，进入输气管。

(5) 在排污操作时，应平稳、缓慢，排污阀不要突然开启，以保证管线压力平稳，避免阀门损坏。

(6) 分离器及紧临分离器的输气管线上安装安全阀，安全阀的开启压力应控制在分离器工作压力的 1.05 ～ 1.1 倍，并定期检查。

(7) 使用中如发现焊缝或法兰连接处漏气，应立即停止使用，并立即修理。

(8) 定期测量分离器壁厚，发现壁厚减薄，应立即做水压试验后，降压使用。

四、混合式分离器

混合式分离器是利用多种分离原理进行气、液、固分离的，结构比较复杂，类型也很多，如螺道分离器、串联离心式分离器、扩散式分离器等。

五、韩城煤层气使用旋风式分离器操作流程

1. 开机前准备工作

(1) 对分离器及其装置进行质量检查验收；

(2) 对分离器进行吹扫及贯通试压；

(3) 按工艺流程逐个检查分离器及安全阀，做到不漏气，不憋压；

(4) 分离器须用氮气充分进行系统置换驱赶空气。

2. 开机操作

平稳打开进气阀门关闭旁通，引进工艺介质煤层气，建立循环，转入正常工作。

3. 运行中的操作

(1) 当分离器的液位达到 10 ～ 20cm 时要平稳打开排液阀门使液位均匀下降到 8 ～ 10cm 关闭；

（2）运行过程中观察温度及压力的变化并做好相关记录。

4. 停机操作

（1）平稳旋转分离器的旁通进气阀门打开旁通；

（2）平稳转动分离器上的进气阀关闭阀门停止进气；

（3）分离器排净污水，并放空泄压；

（4）写明停机时间及原因。

5. 收尾操作

（1）定期清扫保持分离器及周边卫生清洁；

（2）定期检查分离器及附属设备，若出现锈蚀要及时涂刷防腐漆；

（3）定期检查安全阀保持清洁；

（4）分离器若长时间停用应进行氮气置换保持内部干燥洁净；

（5）保持压力表、温度表、液位计表面清晰明亮。

注意事项：操作人要持有效证件上岗操作；分离器检修时要系好安全带；排污时，开关阀门要平稳；紧急停车时注意从分离器顶部放空；严禁分离器超压超负荷运行。

第五节 离 心 泵

离心泵是煤层气排污时使用的设备。

一、离心泵的基本组成及工作原理

1. 离心泵的基本组成

如图 6.30 所示，叶轮装在泵轴上，叶轮内弯曲的叶片构成流道，叶轮和泵轴装在螺形泵壳（简称螺壳）中，螺壳连着吸入管和排出管。

2. 离心泵的工作原理

离心泵在开泵前必须向泵内灌入液体（有压头进入液体时，打开水管路上的闸阀即可）。开泵后，充满叶轮的液体由叶壳带动旋转，在离心力的作用下，沿叶片所形成的流道，随着液流不断排出；在泵吸入管和叶轮中心部分形成真空，在大气压力下，吸入池中液体源源不断地流入泵室和叶轮，形成均匀平稳的液流。

二、离心泵的分类

1. 按叶轮数目方式分

（1）单级离心泵：有一级叶轮的离心泵称为单级离心泵。

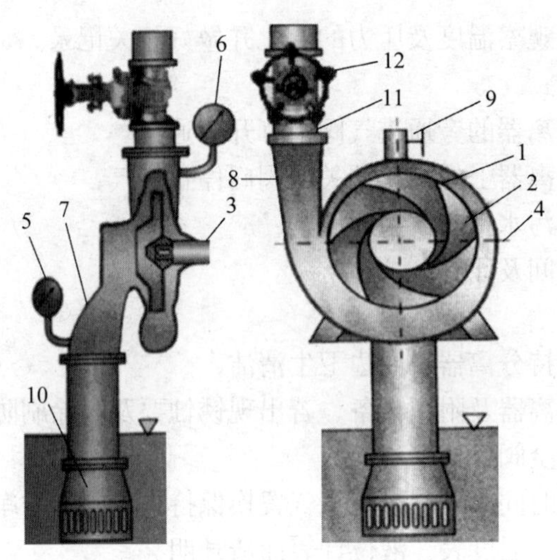

图 6.30 离心泵的结构

1—流道；2—叶轮；3—泵轴；4—泵壳；5—入口压力表；6—出口压力表；7—泵入口；8—泵出口；9—放空阀；10—拦污阀；11—出口管道；12—出口调节阀

（2）多级离心泵：有两级或两级以上叶轮的离心泵称为多级离心泵。

2. 按叶轮吸入方式分

（1）单吸离心泵：液体从一面进入叶轮的离心泵称为单吸离心泵。

（2）双吸离心泵：液体从两面进入叶轮的离心泵称为双吸离心泵。

3. 按扬程大小分（$1kg/cm^2=0.1MPa$）

（1）低压离心泵：$p<1.5MPa$；

（2）中压离心泵：$1.5MPa \leqslant p<5.0MPa$；

（3）高压离心泵：$p>5.0MPa$。

4. 按泵输送的介质分

（1）水泵：输送水。

（2）油泵：输送油品。

（3）化工泵：输送酸碱及其化学原料。

（4）钻井泵：输送钻井液。

5. 按泵轴所处位置分

（1）卧式泵：泵轴为水平安装。

（2）立式泵：泵轴为直立安装。

三、离心泵的组成

1. 转动部分

离心泵的转动部分包括叶轮、泵轴和轴套。

叶轮是离心泵的主要零件。泵的流量、扬程和效率都与叶轮的形状、尺寸的大小及表面光洁度有非常密切的关系。叶轮由叶片、前后盖板、轮毂组成。离心泵叶片的弯曲方向和叶轮的旋转方向相反。叶轮按其结构可分为封闭式、敞开式、半封闭式三种类型。

泵轴是将动力机械的能量传给叶轮的主要零件，并把叶轮、联轴器连接在一起，组成泵的转子。

轴套有两种，一种称轴套筒，另一种称级间套筒或定距套筒。轴套筒用来保护泵轴，使泵轴不致因腐蚀或磨损而影响其机械强度；级间套筒只在多级泵中采用，用它来保护泵轴和固定叶轮的位置。

2. 泵壳部分

泵壳部分包括泵壳与泵盖。多级泵包括吸入段、中段、压出段和导翼。

泵壳的作用是把液体均匀地引入叶轮，再把叶轮甩出的高压液体汇集起来导向排出侧或进入下一级叶轮，并且减慢从叶轮甩出的液体速度，把液体的动能转变为压能。通过泵壳可把泵的各固定部件联为一体，组成泵的定子。

3. 密封部分

密封部分包括密封环和填料函。泵轴与泵壳之间有间隙，所以会产生漏失，空气也会进入泵内，造成泵不上量。叶轮与泵壳之间要有适当的间隙，配合间隙太小，由于摩擦会造成泵壳与叶轮损坏。因而采用密封装置和防漏失装置起到保护泵的附件和防漏失作用。

4. 平衡部分

平衡部分包括平衡盘、平衡鼓和其他平衡装置。主要是用来平衡离心泵运行时产生的指向叶轮进口端的轴向推力的作用。

5. 轴承部分

轴承部分包括滚动轴承和滑动轴承，主要用来支撑泵轴并减小泵轴旋转时的摩擦阻力。

6. 传动部分

传动部分也就是弹性联轴器。离心泵多用联轴器直接与电动机相连，称为直接传动。

四、离心泵的效率

离心泵的效率是指离心泵的输出功率与输入功率之比。测定离心泵效率的方法有两种，一种是常规法，一种是温差法。

1. 常规法

常规法是指利用精度 0.5 级以上的压力表、流量计、功率表、电流表及 $\cos\phi$

测出泵的主要参数，计算出泵效。

2. 温差法

温差法又称热平衡法。它根据能量转换的原理，即液体在泵内的各种能量损失全部转化为热能传递给泵内的水，这样出口水的温度要高于进口水的温度。进、出口温度反映了泵内能量损失的大小。可以利用这一温差计算出泵的效率和排量。

$$效率=\frac{输出功率}{输入功率}\times 100\%$$

$$效率=\frac{输出功率}{输出功率+损失功率}$$

第六节　主要阀门、管件及其他设备

一、常用阀门分类

阀门是流体输送系统中的控制部件，具有截断、调节、导流、防止逆流、稳压、分流或溢流泄压等功能。

1. 按用途和作用分类

1）截断阀类

主要用于截断或接通介质流，包括闸阀、截止阀、隔膜阀、旋塞阀、球阀、蝶阀等。

2）调节阀类

主要用于调节介质的流量、压力等，包括调节阀、节流阀、减压阀等。

3）止回阀类

用于阻止介质倒流，包括各种结构的止回阀。

4）分流阀类

用于分配、分离或混合介质，包括各种结构的分配阀和疏水阀等。

5）安全阀类

用于超压安全保护，包括各种类型的安全阀。

2. 按主要参数分类

1）按压力分类

(1) 真空阀，工作压力低于标准大气压的阀门。

(2) 低压阀，公称压力 $PN<1.6$MPa 的阀门。

(3) 中压阀，公称压力 2.5MPa$<PN<$6.4MPa 的阀门。

(4) 高压阀，公称压力 10.0MPa $<PN<$ 80.0MPa 的阀门。

(5) 超高压阀，公称压力 $PN \geqslant$ 100MPa 的阀门。

2）按介质工作温度分类

(1) 高温阀 $t>450$℃的阀门。

(2) 中温阀 120℃ $\leqslant t<450$℃的阀门。

(3) 常温阀 −40℃ $\leqslant t<120$℃的阀门。

(4) 低温阀 −100℃ $\leqslant t<-40$℃的阀门。

(5) 超低温阀 $t<-100$℃的阀门。

3）按阀体材料分类

(1) 非金属材料阀门，如陶瓷阀门、玻璃钢阀门、塑料阀门。

(2) 金属材料阀门，如铜合金阀门、铝合金阀门、铅合金阀门、钛合金阀门，铁阀门、碳钢阀门、低合金钢阀门、高合金钢阀门。

(3) 金属阀体衬里阀门，如衬铅阀门、衬塑料阀门、衬搪瓷阀门。

3. 通用分类法

通用分类法既按原理、作用又按结构划分，是目前国内、国际最常用的分类方法。一般分为：闸阀、截止阀、旋塞阀、球阀、蝶阀、隔膜阀、止回阀、节流阀、安全阀、减压阀、疏水阀、调节阀。煤层气集气站常用以下几种阀门。

1）闸阀

闸阀是作为截止介质使用，在全开时整个流通直通，此时介质运行的压力损失最小。闸阀通常适用于不需要经常启闭，而且保持闸板全开或全闭的工况。不适用于作为调节或节流使用。对于高速流动的介质，闸板在局部开启状况下可以引起阀门的振动，振动又可能损伤闸板和阀座的密封面，而节流会使闸板遭受介质的冲蚀。

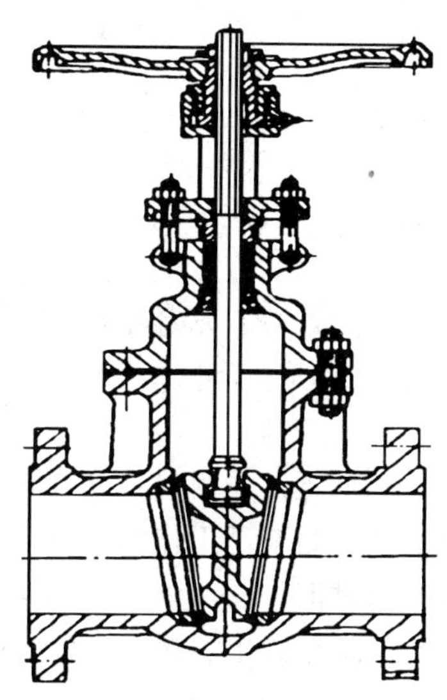

图 6.31　明杆楔式单闸板闸阀

从结构形式上，各种闸阀主要的区别是所采用的密封元件的形式。根据密封元件的形式，常常把闸阀分成几种不同的类型，如楔式闸阀（图 6.31）、平行式闸阀、平行双闸板闸阀（图 6.32）、楔式双闸板闸等。最常用的形式是楔式闸阀和平行式闸阀。

2）截止阀

截止阀是用于截断介质流动的，截止阀的阀杆轴线与阀座密封面垂直，通过带动阀芯的上下升降进行开断。截止阀一旦处于开启状态，它的阀座和阀瓣密封面之间就不再有接触，并具有非常可靠的切断动作，因而它的密封面机械磨损较小，由于大部分截止阀的阀座和阀瓣比较容易修理或更换密封元件时无需把整个阀门从管线上拆下来，这对于阀门和管线焊接成一体的场合是很适用的。

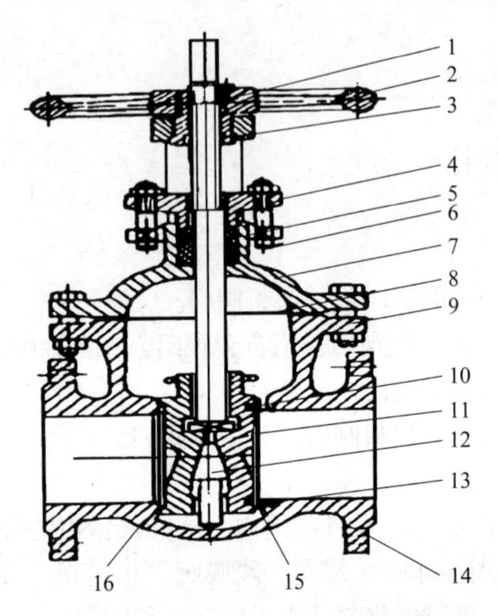

图 6.32　低压升降杆平行式双闸板闸阀

1—阀杆；2—手轮；3—阀杆螺母；4—填料压盖；5—填料；6—J 形螺栓；7—阀盖；8—垫片；9—阀体；10—闸板密封圈；11—阀板；12—顶楔；13—阀体密封圈；14—法兰孔数；15—有密封圈形式 16—无密封圈形式

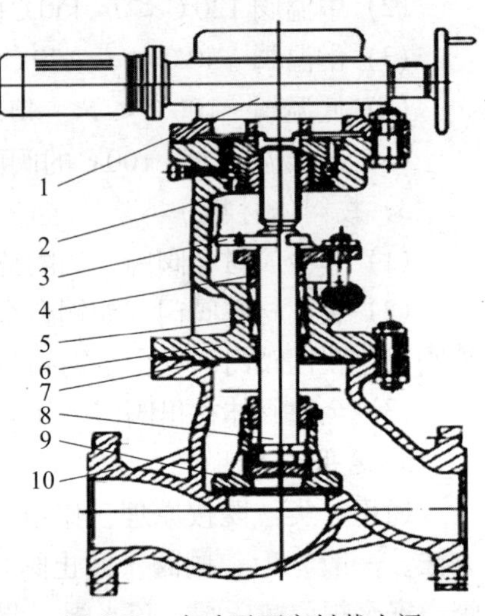

图 6.33　电动平面密封截止阀

1—电动装置；2—阀杆螺母；3—导向块；4—填料压盖；5—填料；6—阀盖；7—垫片；8—阀杆；9—阀瓣；10—阀体

介质通过此类阀门时的流动方向发生了变化，因此截止阀的流动阻力较高。引入截止阀的流体从阀芯下部引入称为正装，从阀芯上部引入称为反装，正装时阀门开启省力，关闭费力，反装时，阀门关闭严密，开启费力，截止阀一般正装。如图 6.33 所示为电动平面密封截止阀；如图 6.34 所示为手动锥面密封截止阀。

3）止回阀

止回阀的作用是只允许介质向一个方向流动，而阻止其向反方向流动。通常这种阀门是自动工作的，在一个方向流动的流体压力作用下，阀瓣打开；流体反方向流动时，由流体压力和阀瓣的自重合阀瓣作用于阀座，从而切断流动。止回阀包括旋启式止回阀（图 6.35）和升降式止回阀（图 6.36）。

4）节流阀（针形阀）

节流阀结构和作用与井口针形阀相同，用以节流降压和粗调流量。它与截止阀在结构分类上属同一类别，主要区别在于阀芯的形状。截止阀阀芯（阀瓣）为圆盘状，节流阀阀芯为锥状（图 6.37)。由于这个区别，节流阀的调节性能比截止

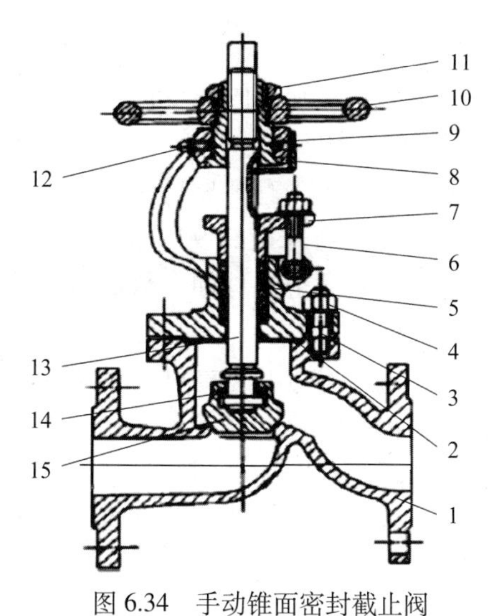

图 6.34　手动锥面密封截止阀

1—阀体；2—中法兰垫片；3—双头螺栓；4—螺母；5—填料；6—活节螺栓；7—填料压盖；8—导向块；9—阀杆螺母；10—手轮；11—压紧螺母；12—油杯；13—阀杆；14—钢球；15—阀瓣

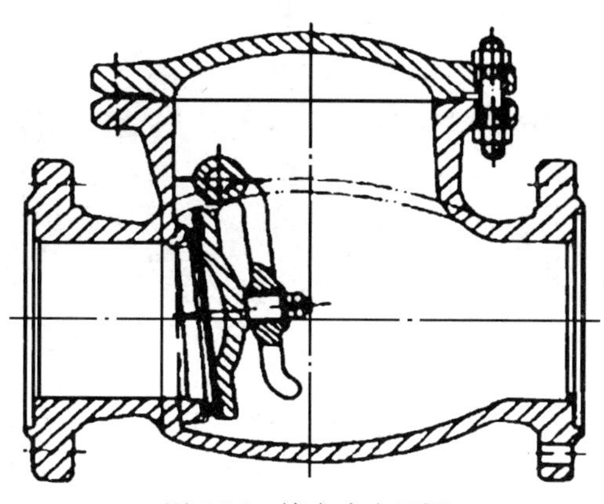

图 6.35　旋启式止回阀

阀好而密封性能不如截止阀，所以节流阀不能作截断阀使用。

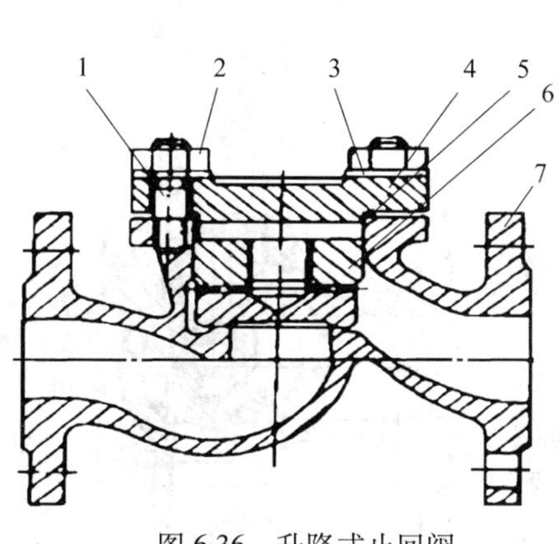

图 6.36　升降式止回阀

1—螺栓；2—螺母；3—垫圈；4—阀盖；5—中法兰垫片；6—阀瓣；7—阀体

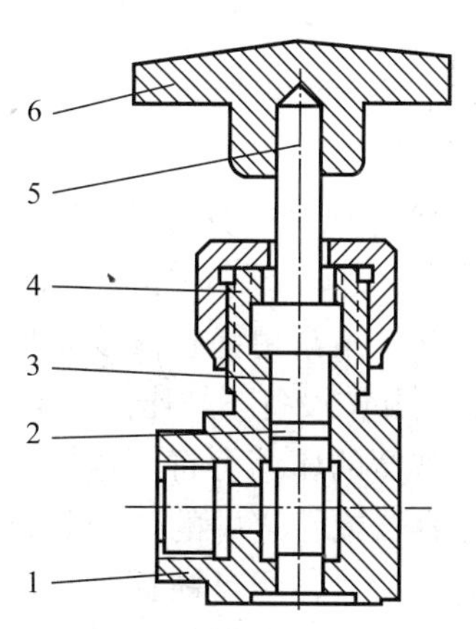

图 6.37　节流针阀

1—阀体；2—密封填料；3—阀体；4—压帽；5—销子；6—手轮

节流阀安装要注意方向。正确的方向是阀芯对着气流进口。这样的优点是阀芯不易被磨损，开关较省力，填料函处于低压端，可保证阀杆填料密封的可靠性。

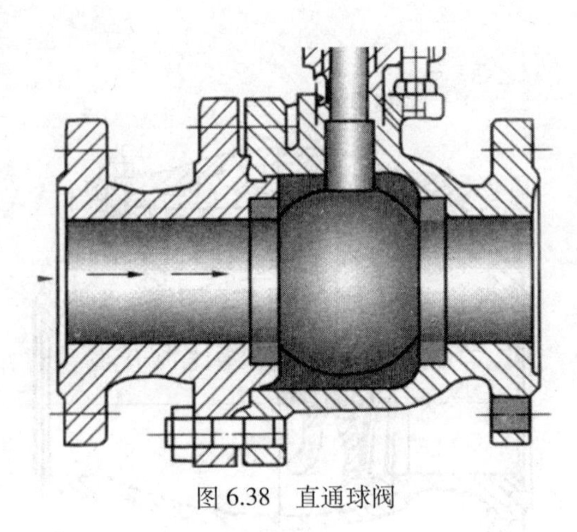
图 6.38　直通球阀

5）球阀

球阀是由旋塞阀演变而来。它具有相同的旋转 90° 的动作，不同的是旋塞体是球体，有圆形通孔或通道通过其轴线。当球旋转 90° 时，在进、出口处应全部呈现球面，从而截断流动（图 6.38）。

球阀只需要用旋转 90° 的操作和很小的转动力矩就能关闭严密。完全平等的阀体内腔为介质提供了阻力很小、直通的流道。球阀最适宜直接做开闭使用，但也能作节流和控制流量之用。球阀的主要特点是本身结构紧凑，易于操作和维修，适用于水、溶剂、酸和天然气等一般工作介质，而且还适用于工作条件恶劣的介质，如氧气、过氧化氢、甲烷、乙烯、树脂等。球阀阀体可以是整体的，也可以是组合式的。

6）安全阀

安全阀的作用原理是基于力平衡，一旦阀瓣所受压力大于弹簧设定压力时，阀瓣就会被此压力推开，其压力容器内的气（液）体会被排出，以降低该压力容器内的压力。

采气井站常用弹簧式安全阀，其主要作用是保证井站设备不超压。它的工作原理是：借助于弹簧的压缩力将阀盘压紧在阀座上密封。当容器或管道中的压力超过弹簧对阀盘作用的压力时，阀盘被顶开、泄压；当容器或管道中的压力恢复到允许压力以内时，弹簧又将阀盘压紧在阀座上，即安全阀自动关闭（图 6.39）。

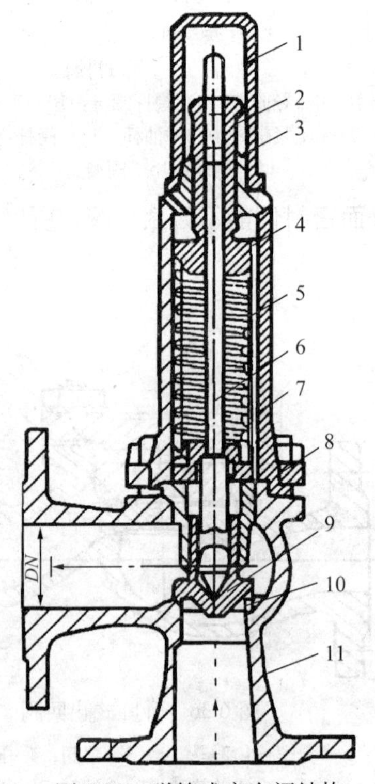

图 6.39　弹簧式安全阀结构

1—安全护罩；2—调节螺栓；3—锁紧螺母；4—上部弹簧座；5—弹簧；6—阀杆；7—阀盖；8—导向套筒；9—阀盘；10—阀座；11—阀体

安全阀的开启压力是由套筒螺丝调节弹簧的压缩程度来控制的。其开启压力是设备或管道工作压力的 1.05 ~ 1.1 倍。定期作升压试验，如发现弹簧失灵，应及时送校。

二、集输气常用钢管和管件

1. 管子

1）管子和管子附件的标准化

为了便于组织生产和用户选用，各国都制定了管子和管子附件（包括管件、阀门、法兰和垫片等）的标准。管子和管子附件标准化主要包括管子和管子附件的规格与尺寸系列、产品的结构尺寸和连接尺寸以及制造和检验的标准。管子和管子附件标准化中，还规定了公称直径和公称压力的系列。

（1）公称直径。

公称直径是一种规定的标准直径。

钢管的公称直径既不是内径，也不是外径，而是取定的与管子内、外径相接近的整数。根据公称直径来确定管子、管件、阀门、法兰和垫片等在不同压力等级下的规格和尺寸、主要结构尺寸和连接尺寸。公称直径用符号 *DN* 表示，其后是用 mm 为单位的公称直径数值。例如，公称直径 100mm，用 *DN*100 表示。

（2）工作压力、公称压力和试验压力。

工作压力是管内介质在最高工作温度下所能达到的最高压力。

公称压力是一种规定的标准压力，用符号 *PN* 表示，其后是用 MPa 为单位的公称压力数值。例如，公称压力 10MPa，用 *PN*10 表示。

试验压力是为了进行强度试验和严密性试验而人为规定的一种压力。试验压力数值根据实验对象的具体情况由设计文件或有关规范规定，一般高于设计压力。根据工作压力选用标准零件、阀门和法兰的公称压力等级时，若工作温度低于200℃，工作压力可等于公称压力。工作温度高于 200℃时，工作压力应等于或低于产品标准中已按温度折减后的公称压力值。

2）集输气常用的钢管

集气管线常用的钢管主要是无缝钢管，长输管线因直径较大常用焊接钢管。钢管的规格均以外径乘以管壁厚表示。

用圆钢坯加热后经穿孔轧制而成的钢管称热轧无缝钢管；经冷拔而成外径较小的管子，称冷拔无缝钢管。

焊接钢管系采用钢板（或钢带）经常温或加热成型，然后在成型边缘进行焊接而制成。按成型方法可分为螺旋焊缝钢管和直缝焊钢管。

螺旋焊缝钢管采用钢带经螺旋形卷制成型，然后焊接而成。与直缝焊钢管相比，螺旋焊缝钢管生产中的直径和长度调整容易，可以用较窄的钢带卷制较大直径的钢管，但焊缝比直缝管长，焊缝质量也不如直缝管好控制。

直缝焊接钢管分为双面埋弧直缝焊接钢管和高频电阻焊直缝焊接钢管，焊缝质量好的双面埋弧焊直缝钢管（UOE管）可以代替无缝钢管。

2. 管件

1）法兰、垫片

法兰在集输气管道中应用很广，管子与管子间、管子与阀门间、管子与集输设备间，都可以用法兰连接，它具有密封可靠和可拆卸的优点。常用的法兰型式有平焊法兰、对焊法兰、活套法兰、螺纹法兰。

平焊法兰制作较方便，材料消耗少，但法兰与管子连接处，管子会承受很大的弯矩使其应用压力受到限制，一般适用于 $PN \leqslant 2.5$MPa 的情况。

对焊法兰能承受高温高压和温度波动，密封性好，对与其连接的管子的附加弯矩也小，适合高温高压和要求密封可靠的管道，常用于 $PN \geqslant 4.0$MPa 的情况。

活套法兰适用于管道连接处空间受限制，且管道用不锈钢而法兰用碳钢的情况。

螺纹法兰常用于小直径的高压管道，优点是法兰所受的弯矩不会传递给管道，安装方便，密封性好。在集输管道和集气站中，主要用平焊钢法兰和对焊钢法兰。高压管道的连接上也用螺纹钢法兰。集气管线一般不用活套法兰。法兰可采用不同的密封面，以适应不同的密封要求。

常用的密封面型式有光滑式、凹凸式、榫槽式、梯形槽式、透镜式。光滑式用于温度和压力都不高的情况，一般可用于 $PN \leqslant 2.5$MPa 的情况。透镜式的密封性能很好，安装较容易，可用于各种高温高压的管道连接。在集输气工艺中，常用的密封型式是光滑式、凹凸式、梯形槽式和透镜式。

根据密封型式的不同，采用不同的垫片。常用的垫片有平垫片、齿形垫片、椭圆形垫片、金属透镜式垫片。

最常用的平垫片是石棉橡胶板作成的。石棉橡胶板有三种牌号，它们的性能列表于6.2中。

表6.2 石棉橡胶板的性能

牌序号	表面颜色	适应范围	使用介质
XB450	紫	温度450℃，压力6MPa以下	水蒸气、天然气等
XB350	红	温度350℃，压力6MPa以下	
XB200	灰	温度200℃，压力6MPa以下	

使用时根据不同的工作压力选用不同牌号的石棉橡胶板。

齿形垫片用比法兰软一些的金属材料制成，密封性能好，适用于对焊法兰凹凸式密封面。椭圆垫片是截面为椭圆性的金属环，适用于高压的对焊法兰连接处的密封。

采油树上的高压阀，法兰连接的密封就用椭圆形垫片。

金属透镜式垫片密封性很好，因其两密封端面是球形的，故容易对中，安装方便，用于透镜式密封面。高压截止阀（针形阀）的法兰密封就是用金属透镜式垫片。

选用法兰、垫片，主要根据管径、阀门和设备的连接尺寸以及工作压力、工作温度、管内介质的性质来选择。

2）其他管件

除法兰、垫片外，尚有弯头、三通、盲板、丝堵、大小头等管件，这些管件一般也是按管道、阀门的规格、工作压力、工作温度和安装要求选用。

管件按型式和用途一般分为弯头、三通、管接头和管封头等。按其连接方式可分为对焊管件和螺纹管件。

（1）对焊管件。

标准对焊管件为钢制（碳钢、低合金钢），与管道对接焊接连接。标准弯头按弯曲半径分为长半径弯头（R=1.5DN）和短半径弯头（R=1.0DN）；按弯曲角度分为45°、90°、180°。三通分为同径三通和异径三通。异径接头分为同心异径接头和偏心异径接头。管封头为椭圆形封头。

（2）螺纹管件。

螺纹管件有弯头、异径弯头、同径三通、异径三通、异径接头（大小头）、管箍、丝堵、活接头、四通等。材质一般有钢、铸铁（可锻铸铁）等。

三、管线的热补偿

由于弯曲管道两端固定，当管道受热后整个管道膨胀。由于管道发生一定范围的自然变形，从而大大减小了热应力，避免了管道的破坏。这种能减小热膨胀应力的弯曲管段称为补偿器。

凡是因线路弯曲自然形成的管段称为自然补偿器。凡是专门设计来吸收热膨胀的管段称为人工补偿器。

常见的自然补偿器有以下几种：

（1）L形补偿器，管道上有一个呈一定夹角的弯管。

（2）Z形补偿器，管道上有两个反向的90°弯管。

最常用的人工补偿器是Ⅱ形补偿器和剩补偿器，其中Ⅱ形用得最多。

设计补偿器的目的是为了减小管道在受热膨胀时产生的热应力，以保证管道的安全。设计的内容包括：选择补偿器的型式及尺寸，验算管线热应力，使它在管材许用应力范围内；计算轴向推力，作为支墩设计的基础。

气田集输气管线，管内天然气温差变化不大，热应力小；同时随地形起伏，管道弯曲较多，自然补偿大大减小了管线中的热应力。因此，在集输气工程中一般都不考虑补偿问题。但站内的蒸汽管线等，需要考虑热补偿问题。关于各种补偿器的计算方法，可查有关手册。

复习思考题

1. 简述煤层气排采井口的组成及主要作用。
2. 按照压力划分压缩机分为哪四类?
3. 简述往复压缩机的工作原理。
4. 简述天然气发电机的工作原理。
5. 简述天然气发电机启、停及日常维护操作。
6. 简述分离器分离基本原理。
7. 简述旋风分离器的工作原理及优缺点。
8. 简述旋风分离器使用的注意事项。
9. 简述离心泵的工作原理。
10. 阀门按用途分为哪几类?

第七章　煤层气井生产管理

煤层气井资料的录取及整理分析是煤层气井生产管理中一项非常重要的基础工作，煤层气开发能否持续稳产、高效，与排采工录取真实准确的第一手资料是密不可分的。

只有取全取准资料才能准确地反映出煤层气井真实的生产情况，只有对取全取准的资料进行分析才能找出对其生产规律影响的因素，由此提出的措施及方案才能确保其合理正确。所以取全取准煤层气井资料不仅是开发煤层气的基础，也是煤层气井生产管理工作的基础。

第一节　煤层气井的工作制度

一、煤层气的地下运移

1. 煤层气的地下赋存

煤层气以吸附、溶解和游离三种状态储存于煤层或其他储层中，其中吸附状态占储量的比重最大，是地面钻井开采的主要对象。由于煤的裂隙和孔隙十分发育，比表面积大，吸附能力强，每吨煤内表面积高达（1 ～ 4）$\times 10^8 m^2$。盖层岩石的覆盖压力和地层水的液柱压力，封闭煤基质中所吸附的甲烷，形成煤层气藏。

2. 煤层气的地下渗流

煤层气的盖层被钻开以后，随着煤层水的排出，井筒液柱压力不断下降。当煤储层压力低于煤层气临界解吸压力时，煤层气开始从煤层孔隙内表面解吸，依其浓度梯度扩散并通过微孔隙和自然裂缝网络，以达西流的方式流入井筒。煤层气储层流体的地下流动历经有三个阶段（图 7.1）。

（1）第一阶段：单相流阶段。随着井筒附近地层压力降低，首先只产出水，因为压力降低较小，煤层气尚未开始解吸，井筒附近只有单相流动。

（2）第二阶段：非饱和的单相流阶段。当煤储层压力进一步下降，有一定数量的煤层气从煤基质块微孔隙表面解吸，开始形成气泡，阻碍水的流动，水的相对渗透率下降，但气体不能流动。

（3）第三阶段：气、水两相流阶段。随着煤储层压力进一步降低，有更多的煤层气开始解吸出来，并扩散到煤的裂隙系统中。此时，水中含气已经达到饱和，气泡相互连接，形成连续流动，气的相对渗透率大于零。随着储层压力下降和水饱和度降低，水的相对渗透率不断减小而气的相对渗透率逐渐增大，气产量也随之增加。在这一阶段，在煤的裂隙系统中形成气、水两相达西流动。

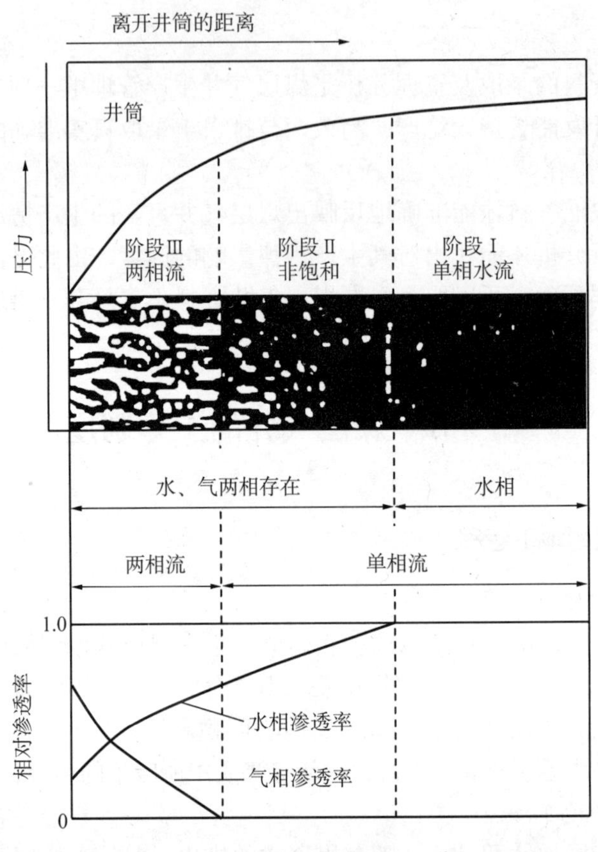

图 7.1　煤层气地下渗流规律

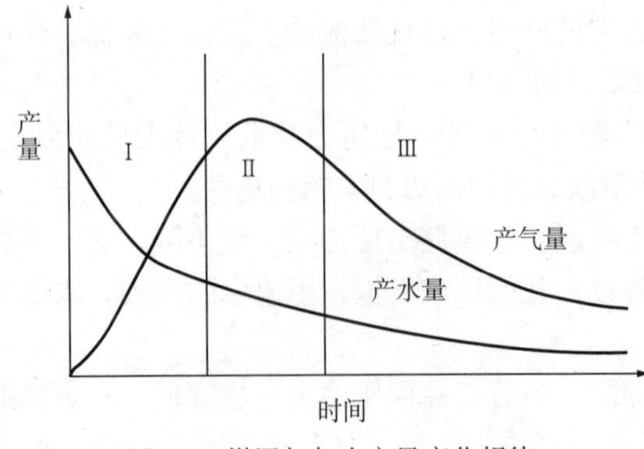

图 7.2　煤层气与水产量变化规律

二、煤层气井的生产阶段

煤层气井的生产排采是一个长时间排水降压采气过程，煤层气单井生产年限一般为 15 ~ 20 年。煤层流体的运移规律决定了煤层气的生产特点。图 7.2 为典型的煤层气生产井的气、水产量变化曲线，根据曲线特征可把生产分为三个阶段。

1. 早期排水降压阶段

早期排水降压阶段主要产水。随着压力降低到临界解吸压力以下，煤层气体开始解吸，并从井口产出。这一阶段所需要的时间取决于井点所处的构造位置、储层特征、地层含水性、排水速度等因素，次序时间可能是几天或数月。在储层条件相同的情况下，这一阶段所需的时间，取决于排水的速度。

2. 中期稳定生产阶段

随着排水继续作业，煤层气处于最佳的解吸状态，产气量逐渐上升并趋于稳定，出现高峰产气，产量水则逐渐下降。产气量取决于含气量、储层压力和等温吸附的关系，产气速率受控于储层特征。产气量达高峰的时间一般随着煤层渗透率的降低和井间距的增加而增加。许多生产井的产气高峰出现在 3 年或更长的时间之后。该阶段持续时间的长短取决于煤层气资源丰度（主要由煤层厚度和含气量控制），以及储层的渗透率。

3. 后期产气量下降阶段

当大量气体已经采出，煤基质中解吸气体开始逐渐减少，尽管排水作业继续进行，气和水产量都不断下降，直至产出少量的气和微量的水。这一阶段延续的时间较长，可达 10 年以上。可见，在煤层气生产的全部过程都需要进行排水作业。这样不仅降低了储层压力，同时也降低了储层中水饱和度，增加了气体的相对渗透率，从而增加了解吸气体通过煤层裂缝系统向井筒运移的能力，有助于提高产气量。

三、煤层气井产量的影响因素

与煤层气开采有关的因素很多，主要有：

（1）地质因素，包括煤层厚度、含气量、煤的种类、煤的沉积方式和分布方式、煤层压力和解吸压力等。

（2）完井方式，不同地质条件下的煤层气井完井方式不同。

（3）渗透性能，渗透率是决定煤层气单井产量的关键因素之一。

（4）开采方式，主要是排采设备的选择。

四、煤层气井的排采工作制度

1. 排采原则

煤层气产出机理决定了在煤层气排采过程中要坚持缓慢降压、连续抽排、平稳调峰、快速检泵的原则，同时控制好套流压、液面和煤粉迁移，以达到稳产期长、采收率高的目标。

2. 排采工作制度

煤层气井排采工作制度是指为适应煤层气储层地质特征和满足生产需要，煤层气井的产量和压力应遵循的关系。排采工作制度主要分为以下三种。

1）定产制度

定产制度是煤层气井排液阶段和稳定产气阶段常用的工作制度。定产量制度是在煤层排采试气的各个阶段，根据地层产能和供液能力，控制水、气产量，以保障流体合理流动的制度。

在排采初期，由于压裂液未排完，水量很大，而随着压裂液的排出，产水量下降。当液面降到解吸压力以下后，随着气体的产出，水相渗透率减少，产水量下降，泵的工作制度也应做出相应调整。另外，由于煤层一般较浅、煤层的闭合压力较低及煤体结构不同，合理的工作制度应保证煤层不出砂及煤粉的前提下的最大排量。调整实际上是生产压差的控制。

煤层气的产出与煤层水的产出密切相关，因此，可以用调节煤层水的产出来控制煤层气的产出，使生产制度更为合理，可用泵挂深度、泵径、冲程、冲次以及抽汲时间、套管压力及油嘴等来控制压差。

2）定井口压力制度

定井口压力制度是在产气阶段为确保产气系统保持稳定的流动压力和多层合采时为减小顶部露出水面的煤层的产气喷射强度而采用的工作制度。

3）定井底压差制度

定井底压差制度是在排采的不同阶段，通过控制液位高度、井口压力，使地层流体在合理的压差下产出，以维持不间断排采，有利于提高采收率。

3. 确定排采工作制度的原则

在已选好抽油机的情况下，确定煤层气井排采工作制度的指标是泵挂深度、泵径、冲程和冲次。确定指标的原则是在满足排液的前提下优先考虑使用小泵径、长冲程和小冲次。其优点是：

（1）可充分利用泵筒的有效长度，按比例增加泵的排量，在地层供液能力充足的情况下，可降低液面，提高排液量，不会对设备产生影响，同时使泵筒均匀磨损。

（2）可降低单位时间内的冲程次数，减少振动载荷，改善示功图形状，还可减轻抽油杆磨损，从而延长其使用寿命。

（3）由于冲次减少，使得柱塞自上死点到下死点的时间增加，使煤层产出的砂及煤粉等有充分时间沉降。

（4）上冲程时柱塞运行速度变慢，有利于增强气、砂锚的防气和防砂效果，从而减轻泵的磨损，延长检泵周期及泵的使用寿命。

4. 常用参数优选方法

1）泵径的选择

泵径不同会使抽油机的悬点载荷不同。泵径越大则悬点载荷越大，这就意味着可能要使用钢质更好或直径更大的抽油杆。因此，将可能会使整个排采系统的成本增加。

2）冲程与冲次的选择

在保证排量的情况下，冲程尽可能选择抽油机的最大能力，而冲次选择 4 ~ 10 次 /min（参考值）。

3）生产压差的选择

（1）初选的生产压差，要以不破坏煤层的原始状态，不使煤层的割理系统受到损害，避免造成煤层大量出砂和煤粉，避免煤层的坍塌为原则。

（2）使泵的排液能力与煤层的供液能力相适应，充分利用地层能量，保证环空液面均匀缓慢下降或稳定。

（3）套压的控制。放大油嘴或开大针阀，套压下降，气量上升；反之，减小油嘴或关小针阀，套压上升，生产压差减小。对有一定产气量的井，油嘴在 2 ~ 6mm 之间为好。当套压降为零时，由于空气密度大于甲烷的密度，空气有可能进入井中，与煤层接触发生氧化作用，形成薄氧膜阻止气体的解吸，不利于煤层气的产出。套压过高，不利于气体的解吸。综合考虑，排液时井口压力不应低于 0.01MPa。

4）下泵深度的选择

对于煤层气井，要求液面接近煤层或降到煤层以下，这样生产压差就接近地层压力。在排采初期，基本以排压裂液为主，产液量较大，因此，泵挂不宜过深，过深则易造成煤粉和砂卡泵。在排采的过程中，根据实测的动液面确定适当的生产压差，当环空液面下降逐渐相对稳定的情况下，泵才能下至煤层中部以下 30 ~ 40m。

第二节　煤层气井资料的录取

一、煤层气井排采资料录取

煤层气井排采资料主要包括生产时间、套压、动液面、动液面日降、井底流压、煤粉含量、日产液量和日产气量等，每天将录取的排采资料记录到生产日报表中，表格格式如表 7.1 所示。

在气水产量突然变化、检泵、改变工作制度前后或停抽前后要填写备注事项。

严格记录产气量、产水量、动液面、套压及冲程、冲次、泵效等。

表 7.1　煤层气井生产日报表

区块：　　　　　　　　　　　　　　　　　　井号：

时间	井号	泵径 mm	冲程 / 频率 m/Hz	冲次 / 转速 n/min	理论排量 m^3/d	泵效 %	动液面 m	氯离子 mg/L	pH	含砂 %	套压 MPa	产水量 m^3/d	累积产水量 m^3	产气量 m^3/d	累积产气量 m^3	备注
填表人：						审核人：						审核日期：				

二、煤层气井排采资料录取要求

（1）日常排采数据、中途作业和测试资料应及时准确记录并上交。测试作业主要包括抽油机示功图测试和环空动液面测试等项目。

（2）录取项目，包括开井时间、工作制度、油嘴、套压、环空动液面或井底流压、气水产量、累积产量、取样时间、固体颗粒物产出情况描述、点火描述等。

（3）液面录取。动液面，要求每天录取一次，对动液面的变化情况要及时分析。若动液面下降速度不符合要求，则应及时调整生产参数，使动液面的下降速度符合要求。开关井前必须录取环空动液面资料。

（4）功图录取。功图要求每周测一次，对不正常排采井，要加密录取，由采油工程师对所测功图进行及时分析，掌握每一口井泵的工作状况，根据泵存在的问题制定相应措施，并及时采取措施使泵恢复正常。

（5）生产资料录取。对排采井每日产气量、套压、系统温度等生产数据，每日录取，根据要求做好各项记录。对于井口产水，每天必须使用秒表进行单量计算，确保资料的准确性和真实性。同时每天必须观察水质变化情况，并做好记录。

（6）水样采集要求。正常情况下，每周一次取一个水样，利用离心机将煤粉分离出来，用天秤测定饱和水、干燥状态下的煤粉重量，换算产出水煤粉含量（mg/mL），并保存煤粉。遇到产出水颜色加深，加密取样。

（7）油套管、分离器、管线均应选择合适的压力表，所测压力要求在压力表 1/3 ～ 2/3 量程范围内，流量计应定期校正。

（8）气、水应连续计量，既要有瞬时流量，又要有累积流量。

（9）资料录取全准率达到 95% 以上。对资料录取中的弄虚作假行为要追究相关人员的责任。

第三节　煤层气井资料的分析

一、排采曲线

排采曲线是指煤层气井产气量、产水量和动液面随时间的变化曲线（图 7.3）。在煤层气井生产过程中，要及时分析排采曲线的变化，跟踪排采动态，以便及时修正排采工作制度，使产能达到最佳状态，并预测未来产能的变化趋势。每周必须进行单井动态分析，找出问题、提出措施。

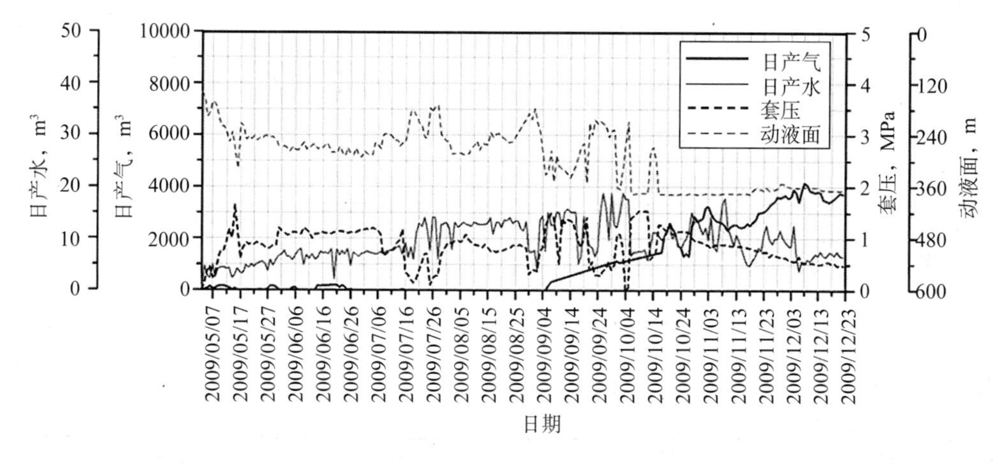

图 7.3　煤层气井排采曲线

二、示功图资料

示功图资料包括示功图、电流、载荷、抽油机型号、冲程、冲次等。如发现抽油机及井下泵工作异常，要及时进行诊断并采取措施。

三、气样分析

1. 采样要求

气体样品多采用排水取气或球胆采气，每次采样不少于两个平行样，每个样品不少于 500cm^3，空气含量不超过 10%。

2. 分析要求

采样后要在48h内进行分析。

3. 气体分析项目

气体样品分析报告要包括样品编号、采样日期、采样地点、采样方法、气体组分（O_2、N_2、CH_4、C_2H_6、C_3H_8、C_4H_{10}、CO_2、H_2S等）、含量及相对密度等，气体样品分析报告表如表7.2所示。

表7.2 煤层气井气体样品分析报告表

<table>
<tr><td colspan="2">样品编号：</td><td>采样日期：　年　月　日　时</td></tr>
<tr><td colspan="3">采样地点：</td></tr>
<tr><td colspan="3">采样方法：</td></tr>
<tr><td colspan="3">分　析　结　果</td></tr>
<tr><td>序号</td><td>组分</td><td>组分含量，%</td></tr>
<tr><td>1</td><td>甲烷（CH_4）</td><td></td></tr>
<tr><td>2</td><td>乙烷（C_2H_6）</td><td></td></tr>
<tr><td>3</td><td>丙烷（C_3H_8）</td><td></td></tr>
<tr><td>4</td><td>丁烷（C_4H_{10}）</td><td></td></tr>
<tr><td>5</td><td>氧气（O_2）</td><td></td></tr>
<tr><td>6</td><td>氮气（N_2）</td><td></td></tr>
<tr><td>7</td><td>二氧化碳（CO_2）</td><td></td></tr>
<tr><td>8</td><td>硫化氢（H_2S）</td><td></td></tr>
<tr><td colspan="2">相对密度</td><td></td></tr>
</table>

分析日期：　年　月　日　　　　分析人：　　　　审核人：

四、水样分析

1. 采样要求

采样瓶必须用水样清洗3次以上，每个样品不少于500mL，每次采样不少于两个平行样。

2. 分析要求

采样后要在48h内进行分析。

3. 水样分析项目

煤层水样分析报告要包括样品编号、采样日期、采样地点、分析日期、温度、

pH 值、密度和离子（Na^{+}、Ca^{2+}、Mg^{2+}、K^{+}、Cl^{-}、SO_4^{2-}、HCO_3^{-}、CO_3^{2-}、OH^{-}等）含量等，水样分析报告表如表 7.3 所示。

表 7.3　煤层气井水样分析报告表

<table>
<tr><td colspan="3">样品编号：</td><td colspan="2">采样日期：　年　月　日　时</td></tr>
<tr><td colspan="3">采样地点：</td><td colspan="2">分析日期：</td></tr>
<tr><td colspan="2">温度：</td><td>pH 值：</td><td colspan="2">密度（kg/m³）：</td></tr>
<tr><td colspan="2">固体颗粒（%）：</td><td colspan="2">电导率（μs/cm）：</td><td>TDS（mg/L）：</td></tr>
<tr><td colspan="5">组　成　分　析　结　果</td></tr>
<tr><td>序号</td><td>离子组分</td><td>组分含量，mg/L</td><td>测试方法</td><td>备注</td></tr>
<tr><td>1</td><td>钠（Na⁺）</td><td></td><td></td><td></td></tr>
<tr><td>2</td><td>钙（Ca²⁺）</td><td></td><td></td><td></td></tr>
<tr><td>3</td><td>镁（Mg²⁺）</td><td></td><td></td><td></td></tr>
<tr><td>4</td><td>钾（K⁺）</td><td></td><td></td><td></td></tr>
<tr><td>5</td><td>铁（Fe²⁺）</td><td></td><td></td><td></td></tr>
<tr><td>6</td><td>氯（Cl⁻）</td><td></td><td></td><td></td></tr>
<tr><td>7</td><td>硫酸根（SO₄²⁻）</td><td></td><td></td><td></td></tr>
<tr><td>8</td><td>碳酸氢根（HCO₃⁻）</td><td></td><td></td><td></td></tr>
<tr><td>9</td><td>碳酸根（CO₃²⁻）</td><td></td><td></td><td></td></tr>
<tr><td>10</td><td>氢氧根（OH⁻）</td><td></td><td></td><td></td></tr>
</table>

分析日期：　年　月　日　　　　分析人：　　　　审核人：

第四节　煤层气井的管理措施

从前几章节中，特别是排采制度上可以看出，煤层气的采气管理就是排水、控压、稳产。其作业流程和管理内容均有所不同，具体内容包括：

（1）严格按制定的排采制度及取资料要求巡井检查并录取资料；

（2）发现问题及时解决，若解决不了，及时汇报；

（3）准确判断地面设备及井下故障，尽可能连续排采；

（4）适时进行生产过程分析，制定动态合理的排采制度，以利于提高煤层的排采效果；

(5) 出煤粉井必须保证连续排采，工作制度不得改变。

一、排水管理

1. 巡回检查内容

(1) 地面设备运转是否正常；

(2) 井口是否出液，产液特征描述；

(3) 井口套压是否正常；

(4) 蒸发池容量是否够用。

排液井巡回检查流程，按以下顺序每天进行巡井检查作业，并做好记录：

(1) 检查电路，检查电动机；(2) 检查皮带；(3) 检查刹车；(4) 检查抽油机运转部位；(5) 检查毛辫子；(6) 检查光杆及密封填料；(7) 检查采油树；(8) 检查井场；(9) 检查井号标志；(10) 检查管网流程。

由此次操作的负责人根据操作的具体内容，对此项操作进行 HSE 风险评估，并制定和实施相应的风险削减措施。检查完成后，将工具用具擦洗干净收回，以备使用。发现问题及时处理，无法处理及时汇报，检查时采用听、看、摸、闻等方法，进行综合判断。排采工巡回检查要点如表 7.4 所示。

表 7.4 排采工巡回检查要点

项号	检查部位	检查要点及内容
1	井口	(1) 套压正常；(2) 光杆不烫手，井口设备完好无缺、无渗漏；(3) 井口无碰泵声
2	驴头	(1) 悬绳无拔脱、断丝现象；(2) 驴头顶丝、背帽无松动，驴头、悬绳器和光杆密封盒（俗称密封填料盒）对中
3	中轴支架	(1) 顶丝螺栓紧固无松动；(2) 轴承盖螺栓紧固无松动；(3) 袖承润滑良好，运转声音正常；(4) 支架无断裂和开焊现象，固定螺栓无松动
4	尾轴横梁	(1) 连接螺栓紧固无松动；(2) 连杆、曲柄销子无松动；(3) 轴承润滑良好，运转声音正常
5	曲柄连杆	(1) 各部位螺栓紧固无松动；(2) 连杆、曲柄销子无松动，润滑良好；(3) 平衡块不摩擦，螺栓紧固无松动，曲柄连杆平行，无异常响声
6	减速箱	(1) 各部位螺栓紧固无松动；(2) 润滑油油面符合规定要求；(3) 无异常响声
7	刹车	(1) 刹车灵活好用，刹车片内无土砂，刹车行程合理；(2) 连接销子及各部位螺栓紧固无松动
8	电动机	(1) 电动机温度正常，运转无杂声；(2) 皮带松紧适度，皮带轮四点一线；(3) 电动机接地保护合格
9	控制箱	(1) 三相电流平衡，上下冲程电流之比介于 85% ~ 100%；(2) 箱体及电器元件齐全、完好，清洁无杂物；(3) 气动机控制箱报警显示灯正常无损坏；(4) 按扭灵活不缺

续表

项号	检查部位	检查要点及内容
10	底座	（1）底座各部位螺栓紧固无松动；（2）底座固定螺栓垫铁无松动
11	井场	（1）井场平整无积水，无杂草，无散失器材；（2）井号、安全标志正确、标准、醒目
12	生产阀组	（1）管网无损坏、穿孔等现象；（2）流量计准确、干净
13	电路	（1）无裸露、老化电线或电缆；（2）节电控制箱完好无损

根据巡回检查要点，填写巡回检查记录。抽油机井巡回检查记录表如表7.5所示。

表7.5　抽油机井巡回检查记录

井号　　　　　　　　　　　　　　　　　日期　　年　　月　　日　　时　　分

井口	驴头	中轴	尾轴	曲柄	减速箱	刹车	电动机	控制箱	底座	井场	生产阀组

套压	生产压力	憋压试验		电流，A		产水量 m^3/d	备注
		时间	压力变化，MPa	上冲程	下冲程		

2. *管理要求*

严格按煤层气排采制度要求执行；动态工作制度的调整，要根据两天的生产动态数据或排采曲线分析调整，不能随意或盲目调整；水质描述要全面；示功图要根据产液和抽油机运转状态决定是否测试。

液面控制管理要求：排水试气液面要逐步下降，初期每天降液速度要小，以防止井底生产压差过大，造成吐砂和煤粉。见气后要控制液面基本稳定进行观察，然后控制降液速度排采，具体的抽排强度和液面下降速度都要根据测试数据和返出液体的性质来确定。根据试气和煤粉排出状况，进行清洗煤层的作业，清洗作业必须将井筒内的砂和煤粉洗净。

二、套管压力控制及管理

1. *套管压力控制*

排采初期，油管出口进分离器，关套管阀门，当解吸气产出后，打开套管阀门进分离器测气。根据套压的高低决定油嘴大小，防止砂、煤粉颗粒运移造成井筒附近煤层堵塞。

排采过程中井底流压的监控：

(1) 通过定期监控动液面和套压实现人工监控。定期监测动液面和套压，观察压力变化规律，实现合理工作压差。

(2) 通过井底压力计和自控装置实现自动监控。井底安装直读电子压力计，井口安装自动控制装置，实现实时自动监测；根据监测数据，通过智能控制实现井底流压自动控制。

2. 套管压力管理

1) 巡回检查内容

(1) 井口压力是否波动及范围；

(2) 流量计工作是否正常及波动范围；

(3) 井口出液是否正常及是否含煤粉；

(4) 气动机或电动机运转是否正常；

(5) 简测井口是否漏气、有无异味。

2) 管理要求

(1) 准确记录井口压力及压力波动时的出液状态；

(2) 准确记录流量计在压力波动时气体流量的变化；

(3) 准确描述井口出液及煤粉产出情况；

(4) 及时保养设备，保证排采连续，严禁出煤粉时停机；

(5) 根据动液面控制井底流动压力。

三、稳定生产阶段

稳定生产将决定气、水产量和生产时间。此时环空液面应低于生产层，而且井口压力应接近大气压。随着排采的进行，压力的下降，在近井地带形成一个很小的低含水饱和区，有助于解吸气体流入井筒。此时，生产制度要平稳，不要频繁改变生产压差。尽管在开始排采的前几周，产气量较低，达不到设计产量，但从长远来看，有助于保证今后生产的正常进行，减少故障发生。

四、特殊井管理

(1) 对易出砂、出煤粉井，制定合理的生产参数，避免造成井下压力激动而加剧出砂、出煤粉，同时应选用防砂管。

(2) 排采过程中煤粉的监控采取定期取水样测定煤粉含量，注意观察产出水的颜色。遇到产出水颜色加深，适当调整工作制度。

（3）优化杆柱组合。总结和掌握排采井光杆和抽油杆的腐蚀速度与规律，在光杆和抽油杆出现腐蚀断裂前，提出检泵措施，予以更换，避免造成断脱事故。

（4）对部分排采到后期的排采井，煤层供液量很小或已经不供液的井，可以采取间开或关抽油机，节约能源。但是要求每日测动液面，掌握排采井动态变化，及时提出开抽措施。

复习思考题

1. 简述煤层气地下渗流规律。
2. 煤层气井产量变化规律有哪些特点？
3. 煤层气井工作制度有哪些？
4. 煤层气井录取资料及录取的具体要求有哪些？
5. 你认为怎样管理煤层气井才能获得最大的经济效益？

第八章　测量仪表及测试

第一节　概　　述

一、仪表的作用

仪表是人们在长期生产实践中发展起来的一种技术工具。在工业生产中，作为“耳目”与“手足”，可以使人们更有效、更准确地观察和操纵生产设备，了解和控制生产工艺与生产过程，并可使生产过程实现自动化。

二、测量误差

1. *误差的概念*

测量误差是指仪表的指示值与被测参数的真实值（真值）之间存在的偏差。

引起测量误差的因素较多，如测量仪器本身的问题、测量原理的不完善、外界因素的干扰、信号传输通道的问题等。

2. *误差的表示方法*

按误差的数值表示方法分为绝对误差和相对百分误差。

（1）绝对误差，是仪表的测量值 x_e 与被测量真值 x_b 之间的代数差，用符号 $\varDelta$ 表示：

$$\varDelta = x_e - x_b$$

（2）相对百分误差，是绝对误差与仪表量程比值的百分数，其表达式为：

$$\delta = (\varDelta \div M) \times 100\%$$

三、测量仪表的性能指标

测量仪表的性能指标是评价仪表质量好坏的重要依据，也是正确选择、使用仪表必须具备和了解的知识。

1. *仪表的精确度*

仪表的精确度用于表示测量结果接近真值的程度，以此可以估算测量值的误差大小。仪表的精确度是用精度等级来表示的：

$$A_c = \frac{\varDelta_{max}}{M} \times 100$$

仪表的准确度不仅与绝对误差有关，而且与仪表的量程有关。精度等级是按国家统一规定的允许基本误差大小划分的几个等级，某一精度等级是指正常测量下的允许基本误差。仪表的精度等级有以下几个级别：0.01、0.02、0.05、0.1、0.2、0.5、1.0、1.5、2.5 等，仪表的精度等级常以圆圈内的数字标明在仪表面板上。

2. 仪表的变差

在工作条件不变的情况下，使用同一仪表对某一被测量值进行逐渐由小到大（正行程）和逐渐由大到小（反行程）的测量时，其结果是：对同一被测量值，正、反行程中得到的仪表示值是不相同的，这种现象称为变差。

$$变差 = (最大示值变差 \div 仪表量程) \times 100\%$$

四、测量仪表的分类

按所测参数不同，可分为压力测量仪表、流量测量仪表、温度测量仪表、液位测量仪表和成分分析仪等。

按仪表指示方式的不同，分为指示型仪表、记录型仪表、远传型仪表等。

按仪表能源的不同分类，分为电动仪表、气动仪表、液动仪表。

第二节　压 力 测 量

一、压力及测量单位

压力是指垂直均匀作用于单位面积上的力。压力的法定单位是帕斯卡，简称“帕”。符号“Pa”。

$1Pa=1N/m^2$，表示在 1 平方米的面积上均匀垂直作用 1 牛顿的力。

帕所表示的压力值较小，工程上还经常使用兆帕（MPa）、千帕（kPa）两种压力单位。除此之外，以前使用的压力单位有标准大气压、工程大气压、毫米汞柱、毫米水柱等。

压力的表示方法有绝对压力、表压力和负压力。

大气压力 p_a 是指空气的重力作用在地球的表面所产生的压力。绝对压力 p 是指物体所受的实际压力。

工程上所用的压力指示值，多为表压或真空度（负压）。表压、真空度是流体的绝对压力与当地大气压相比较而得出的相对压力值。

表压力 p_e 也称正压力，是压力表所指示的压力，等于高于大气压力的绝对压力与大气压力之差，即：

$$p_e=p-p_a$$

负压力 p_d 也称真空度，是真空表所指示的压力，它等于大气压力与低于大气压力的绝对压力之差，即：

$$p_d=p_a-p$$

二、测压仪表分类

测压仪表根据转换原理的不同可分为：

(1) 液柱压力计，它是根据流体力学原理，将被测压力转换成液柱高度进行测量，如U形管压力计。

(2) 弹性式压力计，它是根据弹性元件受力变形的原理，将被测压力转换成弹性元件变形的位移进行测量，如弹簧管式压力表。

(3) 电气式压力计，它是将被测压力转换成各种电量进行测量，如电容式1151压力变送器。

(4) 活塞式压力计，通常用于压力表的校验。

三、弹性式压力计

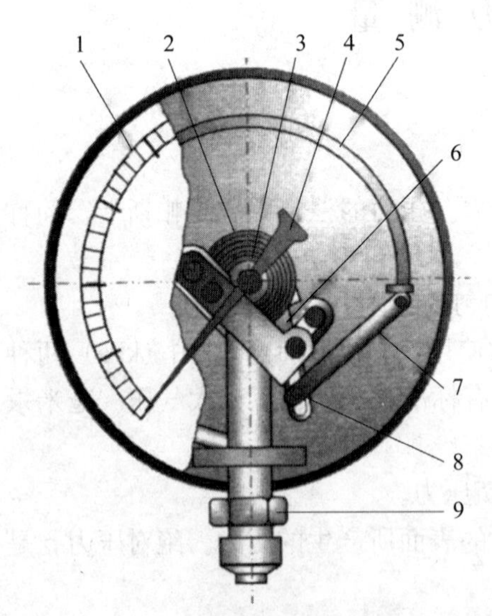

图8.1　弹簧管式压力表结构

1—面板；2—游丝；3—中心齿轮；4—指针；5—弹簧管；6—扇形齿轮；7—拉杆；8—调整螺钉；9—接头

测压原理：弹性式压力计是利用弹性元件在被测压力作用下产生弹性变形的原理来度量被测压力的。弹性元件受压力作用时会产生变形，于是输出位移或力，再把位移或力通过一定的元件转换成电量信号。

弹性元件的特点：构造简单，价格便宜，测压范围宽，被测压力低至几帕，高达数百兆帕都可使用，测量精度也较高，在目前的测压仪表中占有统治地位。

弹簧管式压力表是工业上应用最广泛的一种弹性式测压仪表，并以单圈弹簧管为最多。弹簧管式压力表可以直接测量蒸汽、油、水和气体等介质的表压力、负压力和绝对压力，其测量范围为−0.1 ~ 0MPa；0 ~ 100MPa。弹簧管式压力表的优点是结构简单，使用方便，操作安全可靠；缺点是不适宜动态测量。

1. 弹簧管式压力表的结构

弹簧管式压力表由表壳、弹簧管、指针、扇形齿轮、中心齿轮、拉杆、游丝、刻度盘、接头、固定座等组成。

2. 弹簧管式压力表的工作原理

测量元件弹簧管是一个弯曲成圆弧形的空心管子，截面呈扇形或椭圆形。它的一端是固定的，作为被测压力的输入端；另一端为自由端，是封闭的。被测压力由接头通入弹簧管固定端，迫使弹簧管的自由端向右上方扩张。自由端的弹性变形位移通过拉杆使扇形齿轮作逆时针偏转，进而带动中心齿轮作顺时针偏转，使与中心齿轮同轴的指针也作顺时针偏转，从而在面板的刻度标尺上显示出被测压力的数值。

游丝的作用是保证扇形齿轮和中心齿轮啮合紧密，从而克服齿轮间隙引起的仪表变差。改变调整螺钉的位置（即改变机械传动的放大系数），可以实现压力表量程的调整。

弹簧管的材料因被测介质的性质和压力的高低而不同。一般压力小于 20MPa 时用磷铜弹簧管，压力大于 20MPa 时用不锈钢或合金钢弹簧管；测氨气时用不锈钢弹簧管，测含硫气时用抗硫合金钢弹簧管。

3. 弹簧管式压力表的选择

压力表的使用应根据生产工艺、介质情况和环境条件的不同，在满足生产要求的条件下，本着节约的原则，合理地进行量程、精度等级和类型的选择。

（1）量程的选择。压力表量程的选择应按照被测介质压力的大小进行选择；对于弹簧管式压力表，为了保证弹性元件在弹性变形的安全范围内可靠地工作，在选择压力表量程时，必须考虑留有充分余地。一般被测压力较稳定时，最大工作压力不应超过量程的 2/3；被测压力波动较大时，最大工作压力不应超过量程的 1/2。为了保证测量精度，被测压力最小值应不低于量程的 1/3 为宜。

（2）精度等级的选择。压力表精度的选择，主要考虑测量出的压力对生产的重要性。凡属指示生产过程使用的压力表，除分离器、输气管上的压力表要求精度低些，一般用 1.5 ～ 2.5 级精度的表即可；凡属用来指导生产或测出的压力对生产有重大影响时，压力表的精度应选得高些，如井口油套压表、测压力恢复或压降曲线用的表，应选 0.35 ～ 1 级精度的压力表。

（3）类型的选择。压力表种类、型号的选择，应考虑被测介质的性质和工作现场的环境条件，如温度的高低、黏度的大小、脏污程度、腐蚀性、易燃易爆性、潮湿性和振动条件等。

4. 压力表的校验

压力表的校验可在室温 25℃条件下，利用标准仪器（活塞式压力计或标准表）进行。所用标准仪器基本误差的绝对值应不大于被校验压力表基本误差绝对值的 1/3。

校验是将被校压力表与标准压力表通以相同压力，把标准表的指示值作为压力的真实值，比较被校压力表的示值，以检验被校表的精度、变差等性能。

1）校验方法

常用的校验方法有落零法、互换法、标准表校验法。

2）校验项目及技术要求

（1）零位检查，压力表在没有压力引入时，指针尖端与零点分度线偏差不得超过允许基本误差的绝对值。

（2）基本误差，压力表示值与标准仪器示值之差不超过压力表精度等级所允许的基本误差。

（3）来回变差，在增压校验和降压校验的所有校验点上，两次读数之差不得超过允许的基本误差的绝对值。

（4）轻敲位移，轻敲表壳所引起的指针位移，不得超过允许的基本误差的绝对值的一半。

3）校验结果处理

校验结果如果为非线性误差，此压力表不得使用；超误差为线性时应将误差调到允许误差范围之内才能使用。经校验合格的压力表应予封印或发给合格证，不合格的压力表允许降级使用。压力表校验周期不得超过半年。

4）活塞式压力计

活塞式压力计通常用于校验标准压力表和普通压力表。

活塞式压力计的结构如图 8.2 所示。

活塞式压力计的使用步骤：

先调水平，调整压力计底脚上的螺钉，使压力计地板上的水平泡气泡处于中心位置；再给工作回路中充油，检查油量和清洁程度，若油杯中油量不足，加适量工作油；先关各接头阀门，然后打开油杯阀，反转手轮抽油，再关闭油杯阀门，正转手轮几圈，再打开接头阀门，排气，检查油路是否畅通。

打开被校压力表接口处的阀门及导压管上的通路阀门，顺时针转动手轮，产生初压；一只手转动砝码底盘，使底盘升起；根据被校压力表各点的示值，增加砝码重量，并转动手轮以免底盘下降；测量时，用手轻轻转动砝码盘，使活塞均匀转动，以克服活塞与活塞缸之间的摩擦；记录下每次加压时压力表的指示值。

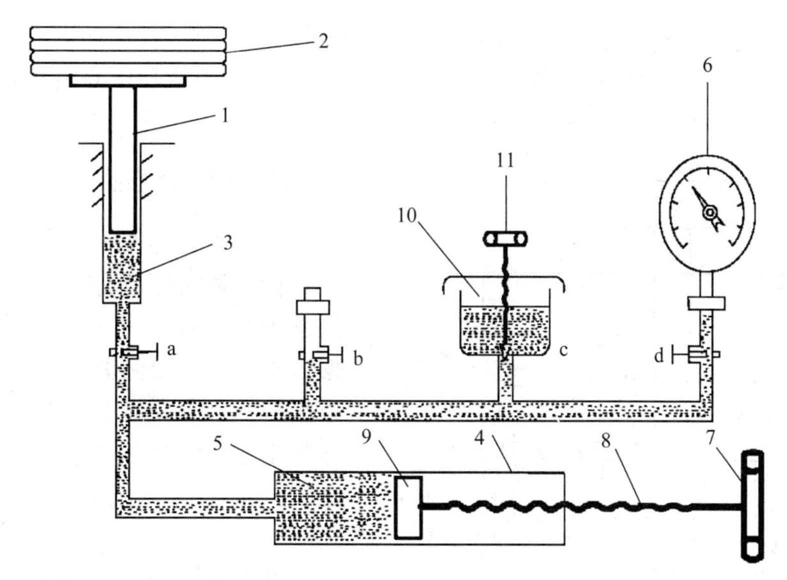

图 8.2　活塞式压力计结构示意图

1—测量活塞；2—砝码；3—活塞柱；4—压力发生器；5—工作液；6—压力表；7—手轮；8—丝杠；9—工作活塞；10—油杯；11—油杯阀；a、b、c、d—阀门

校验完毕，开启油杯阀门，卸去全部砝码；关闭压力表接口处阀门，正转手轮，将油退回油杯。

注意事项：

（1）使用时，活塞应升至工作位置，砝码底盘以 30 ～ 60r/min 的转动次数顺时针旋转；

（2）加减砝码时，要防止砝码盘的突升、突降；

（3）活塞表面严禁用手触摸；

（4）专用砝码应配套使用，不使用时应防止尘土、锈蚀和脏物堵塞。

5. 压力表的调校

1）零位和最大刻度的调整

当压力加到仪表上限值或去掉压力后，压力表指针不能指在最大刻度或不能指在零位时，可用滑槽螺钉调整。

2）中间刻度的调整

在加压校验中，如果误差和刻度是正比关系，可微调调整螺钉，正误差（刻度示值偏大）向外移，负误差向里移。如果刻度示值不合格，可改变拉杆长度，调整拉杆与扇形齿轮间的夹角或检查扇形齿轮与中心齿轮接触是否良好。

3）变差的消除

压力表的变差大，一般是由于传动机构间隙大或接触松动造成的，此时应检查游丝和齿轮间的啮合情况。当游丝排列紊乱时，需将游丝校正或更换。游丝转矩的调整，可通过分离扇形齿轮和中心齿轮的啮合，然后旋转中心齿轮来增加或减少转矩。

四、压力传感器

压力传感器是利用物体某些物理特性，通过不同的转换元件将被测压力转换成各种电量信号，并根据这些信号的变化来间接测量压力。根据转换元件的不同，压力传感器分为电阻式、电容式、应变式、电感式、压电式、霍尔片式等多种形式。

电容式压力传感器为普遍使用的压力传感器。是利用转换元件将压力变化转换成电容变化，再通过检测电容的方法来测量压力的。

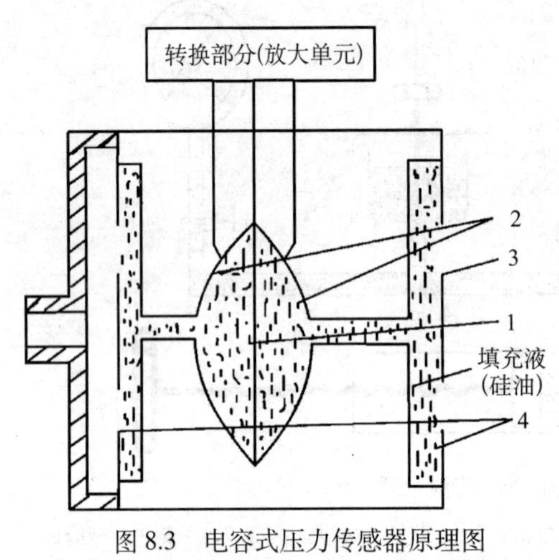

图 8.3 电容式压力传感器原理图

1—中心感应膜片；2—固定电极；3—测量侧；4—隔离膜片

电容式压力传感器的特点：结构简单（小型化、轻量化）、性能稳定、可靠，具有较高的精度。

电容式压力传感器的工作原理为：中心感应膜片和两侧的固定电极分别形成两个相等的电容，当工艺过程压力经隔离膜片、灌充液传送到中心感应膜片上，使中心感应膜片产生一定的位移，位移的大小与压力成正比，此时中心感应膜片与两侧的固定电极间距不再相等，从而使两个电容器的电容量不再相等。通过转换部分对电容量的检测和放大，转换为 4 ~ 20mA 的直流电信号输出。

电容式压力传感器的精度较高，允许误差不超过量程的 ±0.25%。由于它的结构性能比较耐振动和冲击，使其可靠性、稳定性高。当测量膜盒的两侧通以不同压力时，便可以用来测量差压、液位等参数。

第三节 温 度 测 量

一、温度及温度测量

1. 温度、温标及单位

温度是表示物体冷热程度的物理量。用来量度温度高低的标尺称为温标，温标是用数值来表示温度的方法。

1）摄氏温标

摄氏温标的测量单位是摄氏度，用符号“℃”表示，物体的温度符号一般用“t”表示。

它规定在标准大气压下水的凝固点为0℃，水的沸点为100℃，其间划分100等份，每一等份为1℃。

2）国际实用温标

国际实用温标是以热力学温标为基础的一种温标。物理学认为 −273.15℃时，理想气体的分子停止运动，即分子热运动的动能等于零，这个温度称为热力学温度。热力学温标的单位是“开”（开尔文），用符号“K”表示，使用热力学温标时，物体的温度符号用“T”表示。

热力学温标与摄氏温标的不同之处，在于起点温度的规定不同，两者的温度间隔是相同的。两种温标的换算关系如下：

$$T=t+273.15$$

我国法定的温度计量单位是热力学温标开尔文，即K，也可以用摄氏温标，即℃。一般温度计标的温度单位是℃，使用时可用上式换算。

3）华氏温标

华氏温标的测量单位是华氏度，用符号“F”表示，物体的温度符号一般用“t”表示。它规定水的凝固点为32华氏度，沸点为212华氏度，其间划分为180等份，每一等份为一华氏度。欧美国家经常使用华氏温标。

2. 温度测量仪表的分类

测量温度的仪表，按其测量范围，分为测量550℃以下的仪表和测量550℃以上的仪表两类，前者称为低温温度计，通称温度计，后者称为高温温度计，通称高温计。

按仪表的作用原理，分为接触式温度计与非接触式温度计两类。

二、膨胀式温度计

膨胀式温度计分液体膨胀式温度计和固体膨胀式温度计。

1. 玻璃管式液体膨胀式温度计

玻璃管式温度计是利用玻璃感温包内的测温物质（水银、酒精或甲苯等）受热膨胀，遇冷收缩的原理进行测温的，故亦称为膨胀式温度计。

玻璃管式温度计由玻璃温包、毛细管和刻度标尺三部分构成。有直式、90°角式及135°角式几种，如图8.4所示。其刻度有棒式、内标尺式、外标尺式几种。工业用玻璃液体温度计一般做成内标尺式，其温度刻度另外刻在乳白色玻璃板上，与毛细管一起封装在玻璃外壳之中。

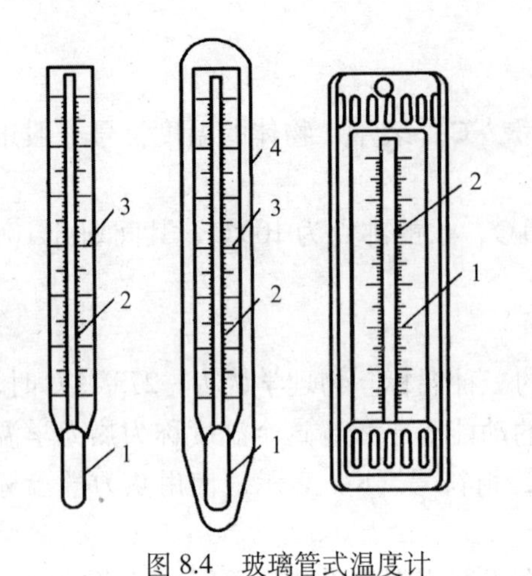

图 8.4 玻璃管式温度计

1—温包；2—毛细管；3—刻度标尺；4—玻璃外壳

玻璃温度计中的水银温度计，在生产中广泛应用，其测量范围为 −30 ～ 750℃。为防止因碰撞而损坏，常使用有金属保护套的玻璃温度计。

2. 双金属温度计

双金属温度计是采用膨胀系数不同的两种金属片，迭焊在一起制成螺旋形感温元件，并置于金属保护套管中，一端固定在套管底部，称为固定端，另一端连接在一根细轴上，称为自由端，细轴上安装有指针用以指示温度，其设计原理如图 8.5 所示。

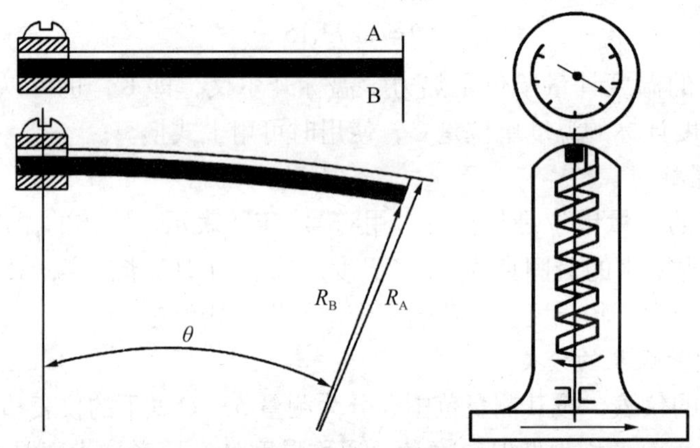

图 8.5 双金属温度计原理图

A，B—膨胀系数不同的两种金属片；R_A，R_B—自由端连接轴上的指针转动幅度

双金属片受热后由于两金属片的膨胀长度不同而产生弯曲，温度越高产生的线膨胀长度差越大，因而引起的弯曲角度就越大。当温度变化时，双金属螺旋感温元件的自由端便绕固定端转动，从而带动与自由端连接的轴上的指针转动，指示出温度值，如图 8.6 所示。双金属温度计属耐振型仪表，结构简单、刻度清晰、使用方便，测量范围为 −80 ～ 600℃。

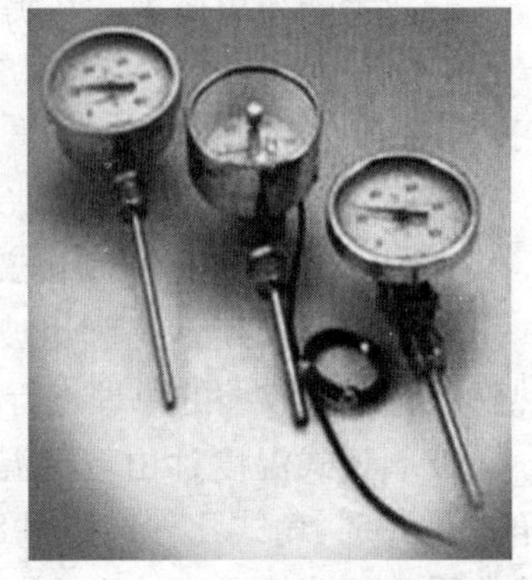
图 8.6 双金属温度计实物图

三、压力表式温度计

1. 压力表式温度计的结构与原理

压力表式温度计是基于放在一定密封容器内的工作物质随温度而发生体积或压力变化的原理而制成的。压力表式温度计的工作物质可以是液体、气体和蒸汽，其结构由温包、传压毛细管和测量显示部分组成，如图8.7所示。

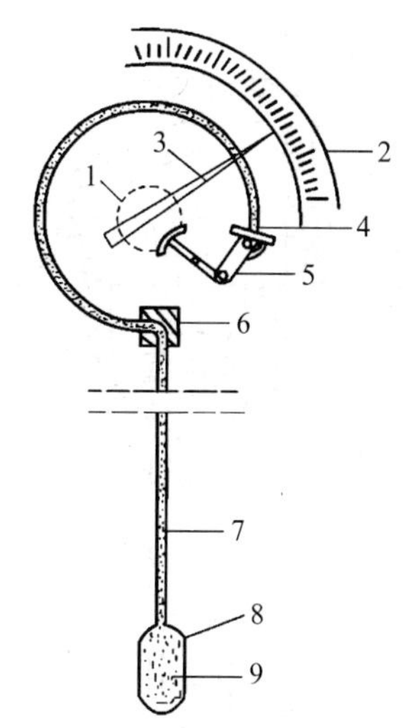

图 8.7 压力表式温度计结构示意图

1—传动机构；2—刻度盘；3—指针；4—弹簧管；5—连杆；6—接头；7—毛细管；8—温包；9—工作介质

测量显示部分由弹簧管、连杆、传动机构、刻度盘和指针等组成，使用时将温包置于被测介质中，当被测介质温度变化时，温包内的感温物质的体积变化受到限制从而导致压力变化，此变化经毛细管传递到弹簧管，弹簧管自由端产生位移，通过传动机构带动指针指示出相应的温度值。压力表式温度计的毛细管可长达60m，实现较远距离显示。压力表式温度计的测量范围，随感温介质的不同而有所差别。

2. 压力表式温度计的种类

按充入温包内工作物质的不同，压力式温度计有三种：

（1）液体压力式温度计。液体压力式温度计通常采用水银作为测温物质，也可采用二甲苯、甲醇等。

（2）气体压力式温度计。在气体压力式温度计中，由于气体的膨胀系数比液体或固体大得多，所以应用时，可忽略温包、传压毛细管、弹簧管等由于温度变化而产生的容积变化。在密闭系统中通常充以氮气，因氮气化学性质稳定性高，比热低，容易制备。

（3）蒸汽压力式温度计。蒸汽压力式温度计是利用低沸点液体饱和蒸汽压力随温度变化的性质来进行温度测量的。但由于饱和蒸气压力和温度不是成正比关系，所以刻度是不均匀的。蒸汽压力式温度计所采用的工作液为氯甲烷、氯乙烷、丙酮等。

3. 压力表式温度计的特点和使用

压力表式温度计结构简单，价格便宜，不怕振动，不用外加能源，防爆，可进行中远距离测量，有指示、记录、报警等各种类型。缺点是测量距离较长时，滞后较大，毛细管容易坏，检修比较困难。

四、热电阻温度传感器

1. 热电阻温度传感器的测温原理

热电阻温度传感器是基于金属导体或半导体的电阻值随温度的变化而变化的原理制成的，当测出金属导体或半导体的电阻值时，就可以获得与之对应的温度值。

热电阻温度传感器由感温元件热电阻、显示仪表和连接导线组成。使用时将热电阻元件置于被测温的介质中，介质温度的变化引起热电阻的电阻值变化，此变化通过显示仪表指示出被测介质的温度值。

热电阻温度传感器的优点是测量精确度高，无冷端温度补偿问题，在测量低温时比热电偶温度计具有更高的灵敏度和准确度。缺点是体积大、热惯性大，应用时需有外接电源供电，而传感器本身发热会影响被测温度场，因而在有爆炸危险的环境中使用时受到限制。此外，连接导线电阻值随环境温度变化时，对测量准确性也有一定的影响。

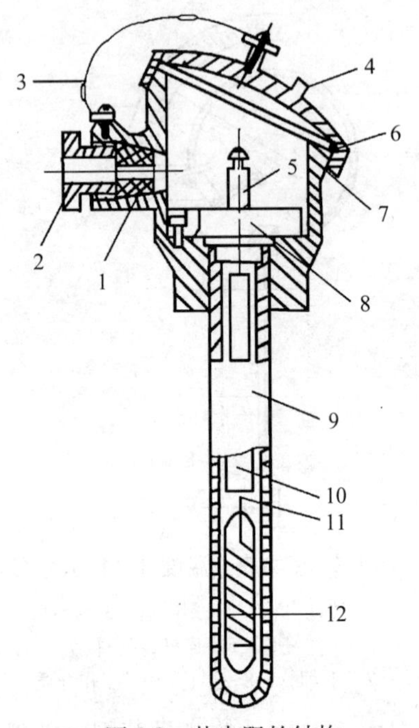

图 8.8　热电阻的结构

1—引出线孔；2—引线孔螺母；3—链条；4—盖子；5—接线柱；6—密封圈；7—接线盒；8—接线座；9—保护套管；10—绝缘管；11—引出线；12—电阻体

2. 热电阻的结构

热电阻作为感温元件，具有结构简单、精度高、使用方便等优点。热电阻由电阻体、绝缘管、保护套管、接线盒四部分组成。

热电阻与二级仪表配套使用，可以远传、显示、记录和控制 −200 ~ 600℃温度范围内的流体、气体、蒸汽等介质和固体表面的温度。

3. 常用的热电阻材料

常用的热电阻材料有铂、铜两种。

(1) 铂电阻。铂是一种比较理想的热电阻材料，它有稳定性好，性能可靠以及电阻率较大等优点。铂电阻在氧化性介质中，甚至在高温下容易被还原性气体所浸湿而变脆。

(2) 铜电阻。铜电阻具有材料容易提纯，价格便宜，电阻温度系数大，热电阻值与温度关系几乎呈线性等优点。因此在一些测量精度要求不高且被测温度较低的场合，多采用铜电阻。

第四节　流 量 测 量

一、流量的概念、单位及表示方法

1. 瞬时流量

单位时间内流过管道横截面积的流体数量称为流量。流量有体积流量 q_v 和质量流量 q_m 两种方法表示。

体积流量：单位时间内流过管道横截面积的流体体积数量为体积流量。天然气流量常用体积流量来表示，其法定单位为 m^3/s、m^3/d 等。

质量流量：单位时间内流过管道横截面积的流体质量数量为质量流量。

流体的体积流量 q_v 等于流体的流速 v 与流通截面积 F 之积，即：

$$q_v=F\times v$$

式中　q_v——体积流量，m^3/s 或 m^3/d；

F——流通截面积，m^2；

v——流速，m/s。

设在测量压力、温度下流体的密度为 ρ，管路横断面上流体的质量流量 q_m 和体积流量 q_v 之间的关系为：

$$q_m=q_v\times\rho$$

式中　q_m——质量流量，kg/s 或 kg/d；

ρ——流体的密度，kg/m^3。

一定质量气体的体积与所处的温度、压力有关，当气体的温度、压力发生变化时，气体的体积随之发生变化，那么体积流量也发生变化。有关法规规定：煤层气流量计量用标准状态下的体积流量来计量。标准状态是指压力为 101.325kPa，温度为 293.15K 的气体状态。

2. 累积流量

一段时间流经管道截面的流体的数量的总和，也称总量。

二、流量测量仪表的分类

测量流量的仪器或仪表称为流量计。用于测量流量的流量计种类很多，根据测量原理的不同分为三类：

（1）速度式流量计，常用的主要有标准孔板差压式流量计、涡轮流量计、临界速度流量计等。

(2) 容积式流量计，以计量总量为主。

(3) 质量式流量计，是一种正在发展中的流量计。

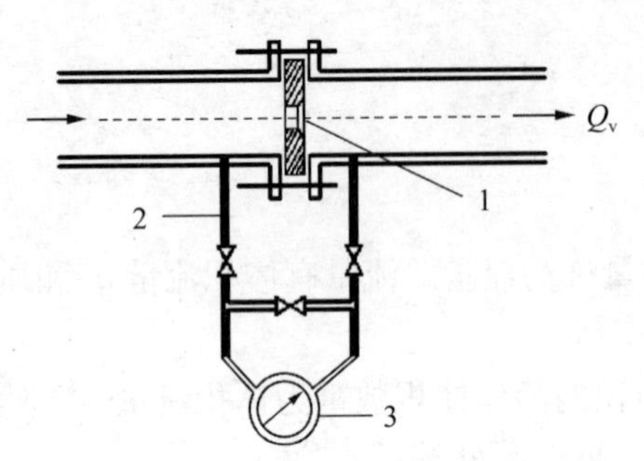

图 8.9 孔板差压式流量计组成示意图

1—节流孔板；2—导压管；3—差压计

三、差压式流量计

1. 差压式流量计的结构及测量原理

标准孔板差压式流量计是基于流体流动的节流原理，利用流体流经节流装置时产生的压力差来实现流量测量的。

孔板差压式流量计由标准节流装置、差压信号管路及差压计三部分组成。被测流体的流量经节流装置转换为差压信号，再通过信号管路将差压信号传至差压显示仪表，从而进行流量显示（图 8.9）。

当气体流经管道中的节流孔板时，气体的流束将在节流孔板处形成流体的局部收缩，从而使流速增加，静压力降低，动能增加，静压能降低，于是在节流孔板上、下游便产生压力差；流量越大，压力差越大，流量减小，压差也将减小，这种现象称为流体的节流现象。

实践证明，节流元件前后的压差信号 Δp 与流量 q_v 有一定的关系，即流量 q_v 与压差 Δp 的开平方成正比例关系，所以通过测量流体流经节流孔板时在孔板前后产生的压差信号 Δp，就可以间接地测出对应的流量 q_v，这就是差压式流量计的测量原理。

2. 煤层气实用流量方程

煤层气实用流量计算公式为：

$$Q_n = A_s C E d^2 F_G \varepsilon_L F_Z F_T \sqrt{p_1 \Delta p}$$

式中 Q_n——标准状态（20℃，101.325kPa）下煤层气的体积流量，m^3/s；

A_s——秒计量系数，其值的大小取决于状态标准和采用的计量单位；

C——流出系数；

d——孔板开孔直径，mm；

E——速度渐进系数；

F_G——相对密度系数；

ε_L——流束膨胀系数；

F_Z——超压缩系数；

F_T——流动温度系数；

p_1——孔板上游侧的静压力，kPa（绝）；

Δp——气流流经孔板时产生的压差，Pa。

3. 标准节流装置

标准节流装置包括标准节流元件、取压装置和标准节流元件前 10D、后 5D 的测量直管段（D 为测量管内径），如图 8.10 所示。

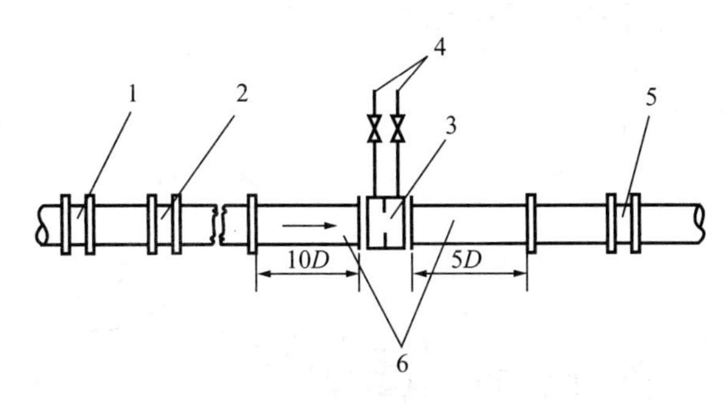

图 8.10　标准节流装置

1—上游侧第二阻力件；2—上游侧第一阻力件；3—节流元件；4—差压信号管路；5—下游侧第一阻力件；6—孔板前后测量管

节流装置的主要用途是产生与流量大小有一定比例关系的差压。在节流件及其取压方式以及节流前后的管道符合标准的条件下，流量与差压之间便有确定的数值关系，而不必通过试验标定。标准化的内容就是为了能达到上述目的而对节流件及其取压方式、管道条件、测量范围、流量计算方法，以及测量误差等规定的标准要求。

标准孔板是一块具有中心圆形开孔，并与测量管同心，其直角入口边缘非常税利的薄板，其结构如图 8.11 所示。

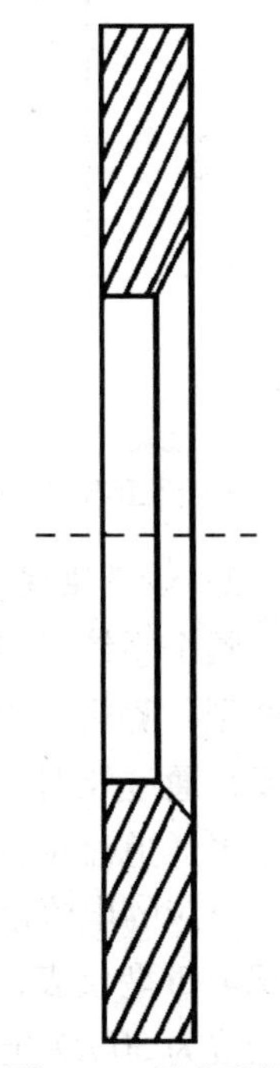

图 8.11　标准孔板

常用的取压方式有角接取压和法兰取压两种。

（1）角接取压。角接取压是指在测量孔板前后取出压力差的取压方式。作为具体的取压方法，可用环室取压和单独钻孔取压的任意一种。上半部分为环室取压，下半部分为单独钻孔取压。

（2）法兰取压。法兰取压是指上流侧取压孔设置在离孔板上流端面 25±1mm 的地方，下流侧取压孔设置在离孔板下流端面 25±1mm 处的取压方式。

测量管指位于孔板前 10D、孔板后 5D 的直管段称为测量管。

4. 差压计

差压计的作用是测量孔板前后的压力差，并将压差信号送往微机流量计算器进行流量计算与显示。

5. 微机流量计算器

当前，微型计算机（微机）运用技术发展迅速，微机已用于天然气流量计算。先进的微机技术进行数据处理，精度高，性能稳定、可靠，适应性广。

1）测量系统的组成

整个系统是按照标准孔板差压式计量方式进行的，其组成主要包括：标准孔板节流装置；压力、差压、温度变送器；微机流量计算器（图 8.12）。

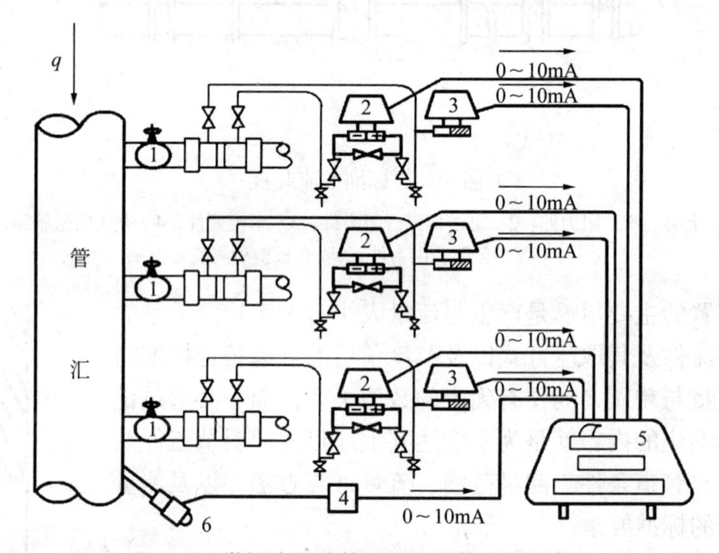

图 8.12 微机流量计算器测量系统连接示意图

1—调压阀；2—差压变送器；3—压力变送器；4—温度变送器；5—流量计算器；6—铂热电阻

2）测量原理

整个系统是建立在孔板差压式流量计量原理基础上的，其数据处理终端采用了微型计算机。以数字量为基础，把计算天然气流量的三个参量（静压、差压和温度）通过处理，得出流量 q。

多通道流量计算器首先采用变送器，分别把静压力 p_1、差压 Δp 和温度 T 转换为对应的电流信号（如采用 DDZ—Ⅱ型仪表，转换成 0 ～ 10mA 直流电流；用 DDZ—Ⅲ型仪表，则转换成 4 ～ 20mA 直流电流）。电流信号送入微机信号接口，经阻抗为 500Ω 电流电压变换器（1V 变换器）变为电压信号。此信号进入采样开关，再经 A/D 线性转换组件变换成对应的数字量。微机接受数据后，按天然气计量公式编入的程序进行处理，并显示出流量等数值。

6. 孔板阀

孔板阀又称孔板切换阀，是一种类似阀门的流量计量节流装置。

孔板阀是一种结构新颖、密封性能可靠，在国内外已经广泛应用的标准孔板节流装置。使用高级孔板阀后，可以不设计量旁通管路，消除了旁通内漏的现象，提高了计量的精度，实现了不需要停气或倒换气体流程就可以更换、清洗、检查孔板，操作迅速简便，每次提取孔板只需 3 ~ 5min。这里主要介绍 LGE 系列高级孔板阀，如图 8.13 所示。

图 8.13　LGE 系列高级孔板阀外形图

1）LGE 系列孔板阀的结构

孔板阀由上下两部分组成，下阀体上设有取压孔，上下阀体用滑阀连通或切断，设有密封脂注入机构。下阀腔与孔板上游连通，当孔板阀正常工作时，滑阀关闭，下阀腔压力与上游管内压力相等，上阀腔压力与大气压力相等，在上、下阀腔之间产生较大的压力差，此压力差作用在滑阀下方，从而增强其密封性。

上、下阀腔之间设有平衡开关，在滑阀截断的情况下，可开启平衡开关，使上、下阀腔压力平衡，减小滑阀密封预紧力，以便轻松地开启滑阀。

孔板阀内还设有孔板导板，便于提取、放入孔板，孔板带有密封环，使孔板与阀座间密封可靠。孔板阀的底部还设有排污阀，用于定期吹扫排除阀内污物杂质。上阀腔也设置有放气孔，可接一开关，排除上阀腔内介质，如图 8.14 所示。

2）孔板阀的使用操作

(1) 取出孔板。

①打开平衡阀，平衡上、下腔室压力；

②顺时针转动滑阀齿轮操作轴，打开滑阀；

③逆时针转动下阀腔导板提升出轮轴，将孔板提至上阀腔；

④逆时针转动滑阀齿轮操作轴，关闭滑阀；

⑤关闭平衡阀，打开上阀体放空阀放空；

⑥打开排污阀，排污后关闭；

⑦卸开顶板，取出密封垫圈；

⑧反时针转动上阀腔导板提升齿轮轴，取出导板及孔板。

(2) 清洗检查。

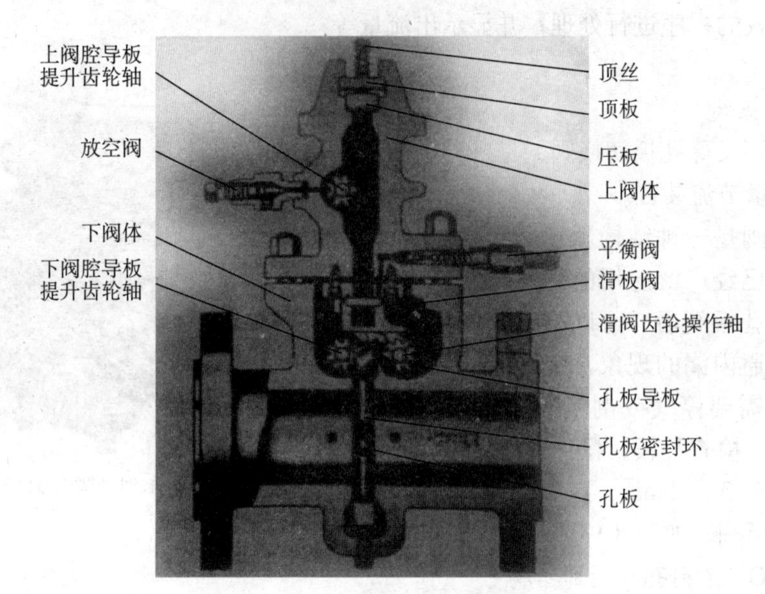

图 8.14　LGE 系列高级孔板阀结构图

①检查清洗孔板、导板和密封垫圈，若有磨损、变形则更换；

②在导板上和橡胶密封圈四周均匀涂抹少许黄油。

(3) 装入孔板。

①将孔板放入导板，将导板放入上阀腔内适当位置；

②装入密封垫，均匀上紧顶板；

③关放空阀，开平衡阀，顺时针转动滑阀齿轮操作轴，全开滑阀；

④顺时针转动导板提升轴，将孔板放入工作位置。

(4) 注入密封脂。

①逆时针转动滑阀操纵轴，关闭滑阀，注入密封脂；

②关平衡阀，开放空阀，排除上阀腔内介质后关闭。

(5) 检查，验漏。

(6) 孔板阀操作注意事项：

①取出、放入孔板必须严格按操作规程进行，放入孔板不得装反；

②孔板不得碰撞、落地、损坏；

③密封板、滑阀、平衡阀、放空阀等不得泄漏。

3) 孔板阀的维护保养

(1) 孔板阀的维护保养步骤包括：

①停差压计。

②取出孔板。

③清洗保养孔板阀。清洗孔板、导板、密封垫、压板、阀座等，检查密封环、密封垫等有无缺损，若有则更换，并在导板齿槽、密封垫、压板等处均匀涂抹一层黄油。

④吹扫排污。拆开仪表静压活接头，开取压阀上、下游放空阀吹扫导压管；拆卸高低压室活接头，开取压阀开关，吹扫节流装置取压口；开孔板阀上、下游排污阀，排尽上、下阀腔内的硫化铁粉末，然后关闭排污阀。

⑤装入孔板。

⑥启动差压计，验漏。

⑦保养表面。

（2）对孔板阀保养的规定：

①每个月开启、检查一次，并注入密封脂，使滑阀保持良好的密封。

②每个季度打开阀底排污球阀吹扫排污一次。

③每次装入孔板时，在导板齿条上、孔板密封环上抹适量黄油。

④每年对孔板阀作全面检查和保养一次。做到表面清洁，油漆无脱落，无锈蚀，铭牌清晰明亮；零部件齐全、完好；无内、外泄漏现象；可动部分灵活好用。若滑阀密封不好，应揭开上阀盖，对滑阀滑块、阀座、密封脂槽进行清洗，干硬的密封脂可用酒精溶解清洗。

四、旋进旋涡智能流量计

在测量天然气流量时，由于气体的密度受温度、压力参数的影响较大，一般在常温附近温度每变化10℃密度变化约为3%，而在常压附近，压力每变化0.01MPa密度变化约为9%。因而要准确测量天然气的体积流量，就必须同时跟踪测量天然气的工况压力和温度，从而将工况下的气体体积流量转变为标准状态下的体积流量。旋进旋涡智能流量计就是基于这一要求，在早期的旋进旋涡流量计的基础上开发研制的一种流量仪表。它集温度、压力传感器、流量计算机、就地显示于一体，具有测量范围较宽，线性误差和重复性误差较小，可使用电池供电等优点。

1. 旋进旋涡智能流量计的结构

旋进旋涡智能流量计主要由四大部件组成，即由流量传感器（亦称主体结构）、温度传感器、压力传感器、流量计算处理显示组件组成。其中流量传感器由流量计壳体、旋涡发生体、压电传感器、除旋整流器组成。

2. 旋进旋涡智能流量计的测量原理

进入旋进旋涡智能流量计的气体，在旋涡发生体的作用下，产生旋涡流，旋涡流在文丘里管中旋进，到达收缩段突然节流，使旋涡加速；当旋涡流突然进入

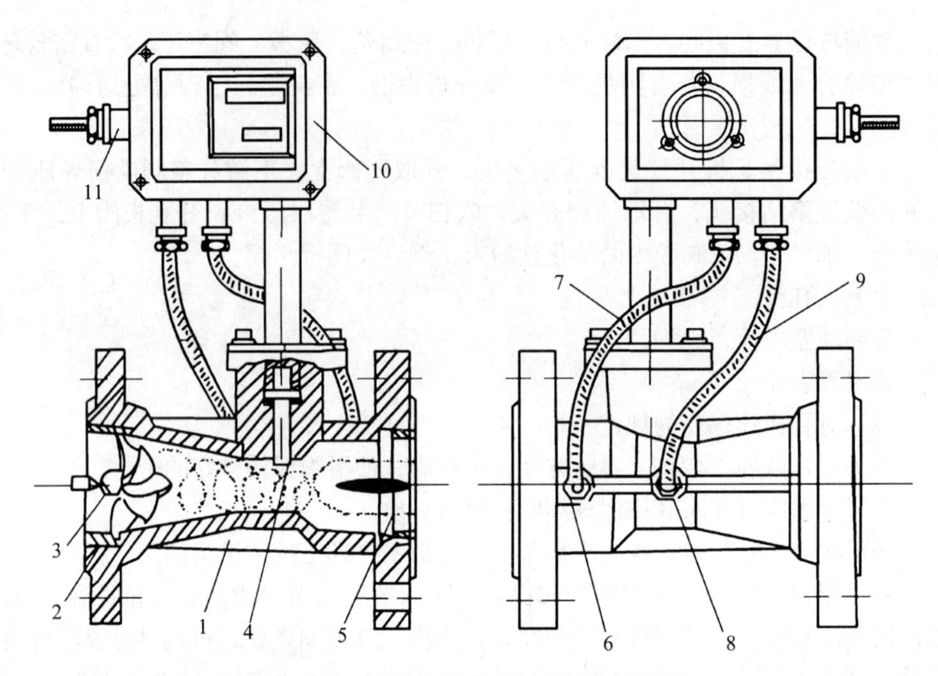

图 8.15　旋进旋涡智能流量计结构示意图

1—主体结构；2—壳体；3—旋涡发生体；4—压力传感器；5—除旋整流器；6—温度传感器；7—防爆软管；8—压力传感器；9—防爆软管；10—流量计算处理显示组件；11—引出线

扩散段后，由于压力的变化，使旋涡流逆着前进方向运动；在进入区域内该信号频率与流量大小成正比。根据这一原理，采取通过流量传感器的压电传感器检测出这一频率信号，并与固定在流量计壳体上的温度传感器和压力传感器检测出的温度、压力信号一并送入流量计算机中进行处理，最终显示出被测流量在标准状态下（t=20℃，p_a=101.325kPa）的体积流量。

五、气体超声流量计

20 世纪 90 年代气体超声流量计在天然气工业中的成功应用取得了突破性的进展，一些在天然气计量中的疑难问题得到了解决，特别是多声道气体超声流量计已被气体界接受，多声道气体超声流量计是继气体涡轮流量计后被气体工业界接受的最重要的流量计量器具。目前国外已有“用超声流量计测量气体流量”的标准，我国也正在制定“用气体超声流量计测量天然气流量”的国家标准。气体超声流量计在国外天然气工业中的贸易计量中已得到广泛应用。

1. 超声流量计的测量原理

利用超声脉冲在气流中传播的速度与气流的速度有对应的关系，即顺流时的超声脉冲传播速度比逆流时传播的速度要快，这两种超声脉冲传播的时间差越大，则流量也越大的原理来进行气体流量测量。

流量的准确计算是通过时间的准确测量来保证的。只要精确测量出时间差就可以保证测量精度。超声流量计由于采用了高速数字处理电路技术，从而能检测出微秒级的微小时间差，计时精度达到毫微秒级，因而使测量的分辨率可达 1mm/s，并且无示值漂移，重复性非常高。

用于测量天然气的气体超声流量计有单声道气体超声流量计和多声道气体超声流量计，其中声道越多，测量精度理论上来说应越高。由于受加工的局限，多声道气体超声流量计一般在口径较大的气体流量测量中才能得以实现（图 8.16）。

图 8.16　超声波流量计实物图

2. 气体超声流量计的优点

（1）气体超声流量计声道长度、声道角及管道横截面面积是比较恒定的参数，也没有引压管线之类易引起故障的部件。根据现场条件确定仪表系数及维持长期稳定是比较可行的。

（2）解决速度分布畸变与旋转流方法和孔板流量计不同，它是从声道设置方案入手，更注重于软测量方案解决问题，便于应付现场复杂多变的条件。

（3）对非定常流测量，气体超声流量计是完全适合的，这是由其工作原理与结构所决定的：信号与流量（流速）为线性关系；检测件内无阻碍物；非接触测量；测量采用高速数字处理技术。这些特点可以快速响应流体流动的动态变化。

（4）由于气体超声流量计不再依靠流体的功能，因此，它能检测很小的流量，从而具有很宽的量程比。

（5）由于它能在正反两个方向上测量时间差，所以这种气体流量计可以自动给出双向气流的流量测量值。

3. 气体超声流量计的主要特性

（1）适用于大管径气体流量的高精度测量（管径可达 1.6m，精度可高于 0.5%）。

(2) 测量范围（量程比）很宽。

(3) 重量轻，所占的空间与面积都少。

(4) 可精确测量脉动流。

(5) 管道中无阻挡件、无压力损失。

(6) 重复性很高。

(7) 对大的压力变化不敏感。

(8) 无可动部件。

(9) 对气体中的液滴、固体颗粒和沉积物不敏感。

(10) 上、下游的直管段都很短。

(11) 不受安装条件的影响，如速度分布的不对称、涡流及脉动均对测量无影响。

(12) 由于无磨损，因此无示值漂移现象。

(13) 传感器可以更换。无需标定，可在带压条件下更换（利用单个阀或双截止与放空阀）。

(14) 系统本身有自检测功能，能进行自检；有自诊断功能，通过报警提示清洗或更换传感器探头。

(15) 可允许管道清洗球通过管道和流量计进行清洗。

六、涡轮流量计

1. 涡轮流量计的结构

涡轮流量计是一种速度式流量计，其特点是精度高、反应快、体积小、量程宽。

涡轮流量计由涡轮流量变送器和显示仪表两部分组成。涡轮流量变送器将流体的流量变成电脉冲信号送给显示仪表，显示仪表测量脉冲信号的频率及脉冲数以显示流体的瞬时流量和流体总量。

2. 电远传涡轮流量计的工作原理

涡轮流量计是一种速度式流量仪表。被测流体冲击涡轮叶片，使涡轮旋转，涡轮的旋转速度随流量的变化而不同，涡轮将流量 q 转换成涡轮的转数 ω，磁电转换装置又把转数 ω 变换成电脉冲，送入显示仪表进行计数和显示，由单位时间脉冲数和累积脉冲数反映出瞬时流量和累积流量（图 8.17）。

3. 就地显示式涡轮流量计

当流体流经流量计时，驱动叶轮转动，其转数与流量成正比，叶轮的转动通过机械传动传到计数器上，计数器把叶轮的转数累计成对应的气体体积流量直接显示出来。就地显示式涡轮流量计仪表设备少，不需要电源，适应于计量点分散，只须计量累积流量的场合。

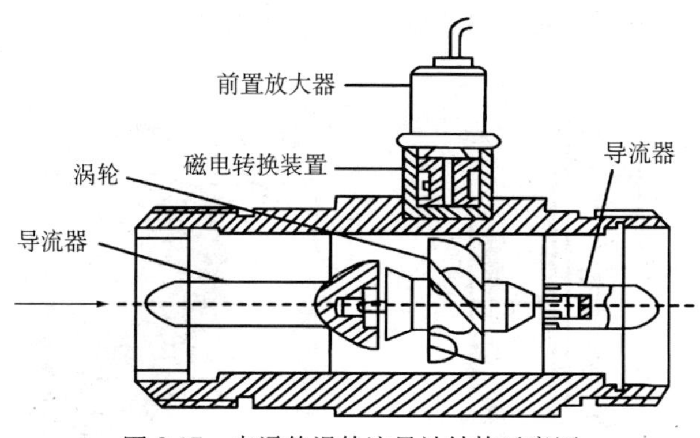

图 8.17　电远传涡轮流量计结构示意图

4. 涡轮流量计的特点

涡轮流量计一方面由于去掉了密封和齿轮传动机构，另一方面又采用了反作用小的非接触式磁电转换方式，因而大大减轻了涡轮的负载，所以具有测量精度高、反应快、耐高压、可测脉动流量等特点，使用时，一般应加装过滤器，以保持被测介质的洁净。

5. 涡轮流量计的安装

涡轮流量计的安装要注意以下几点：

(1) 安装前，应用微小气流吹动叶轮，叶轮应能转动灵活，并无无规则的噪声，计数器转动正常，无间断现象；

(2) 涡轮流量计应水平安装；

(3) 严禁过滤器和流量计直接相连；

(4) 若流量计安装在水套炉前，则流量计离水套炉的距离应大于 2m；

(5) 流量计安装时，应保证法兰螺栓均匀受力，以免影响密封效果；

(6) 直管段与标准法兰必须先焊好，后与流量计连接；

(7) 法兰盘连接处管道内径处不应有凸起部分；

(8) 温度计安装在流量计上游侧，距入口不少于 15D；

(9) 流量调节阀应安装在流量计下游侧直管段以后；

(10) 电远传信号连接线采用屏蔽线，与动力线分开。

第五节　液　位　计

一、磁浮子液位计

磁浮子液位计与容器构成连通器，磁浮子随被测介质液面的变化而变化，浮子内置永久磁钢，吸引外部磁翻板翻转，如图 8.18 所示。

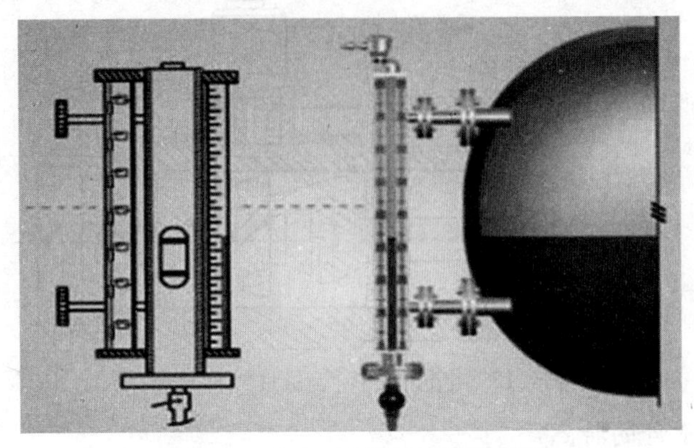

图 8.18　磁浮子液位计测量原理图

磁浮子的磁钢使相应的干簧管吸合，其他干簧管处于断开状态，变送器的输出电阻与液面的高低成正比例关系，当液位变化时，将液位的变化，通过变送单元转换器将对应输出电阻值转化为电流信号输出，实现液位的远距离传输。

二、直读式液位计

直读式液位计主要有玻璃管液位计、玻璃板液位计等，是利用连通器原理进行液位测量的，主要用在加热炉、分离器等的容器上。

第六节　排采井测试

一、井筒液面测试

1. 测试目的

计算井底流压和地层压力、分析判断煤层气的解吸情况，为调节井筒液面降低幅度提供依据。排采井井下液面探测是排采井管理的一个重要环节。

2. 测试仪器

现场大多采用单频道或双频道回声探测仪。

3. 测试原理

利用回声原理测试井口到油套环形空间液面的距离。当声波在气体介质中传播时，在遇到液体、固体介质的情况下，由于两种介质密度相差悬殊，声波几乎会被全部反射回来。如果在井口向井下发射一短促的声脉冲波，若能测出声波往返的时间 t 和声波传播速度 v，就能确定井下液面与井口声源之间的距离 H：

$$H = \frac{1}{2} v \times t$$

在实际测量中，由于井内气体介质的组成、温度随深度的不同而不同，所以很难精确地求出气体穿越整个气体介质时的平均传播速度。在实际应用中是采用固定距离标志法进行测量的，即测量前，在排采井下油管时，在油管接箍上装一个“回音标”，随油管下入井内一定深度处，以确定声波在油套环空中的传播速度。回音标是一个空心圆柱体，其下入深度 h_0 在下油管时已经过精确测量。

测量时，通过声波发生器产生一个声波脉冲，使其沿油套环空传向井底。声波脉冲在传播过程中遇到回音标和液面时即反射回井口，被收声器接受，并转换成电信号，送入记录仪，经放大器放大后推动记录笔左右摆动，在恒速移动的记录纸上记录下来，根据记录曲线（图 8.19），就能计算出井下液面深度。

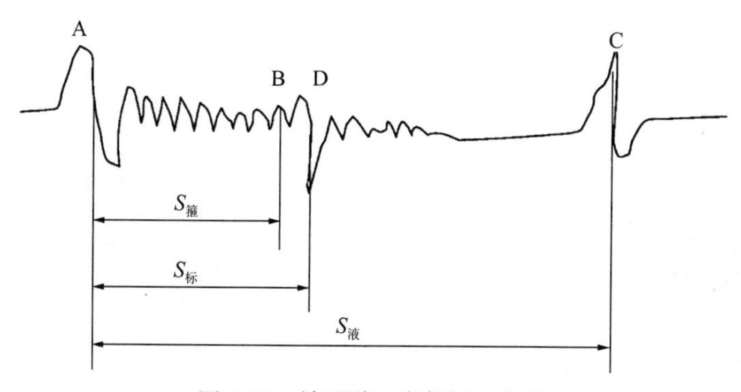

图 8.19　单通道回声仪记录曲线

用上述方法测量时，井下必须下有回音标。但有些井不适宜下回音标或不能下回音标（如偏心井口），于是出现了利用油管自然回音标——油管接箍测量井下液面深度的仪表。这类仪表是根据油管接箍反射信号与液面反射信号的频率不同，分成两个信号“通道”，分别对高频接箍反射信号和液面、回音标等低频反射信号进行处理与记录。双通道回声仪记录曲线如图 8.20 所示。

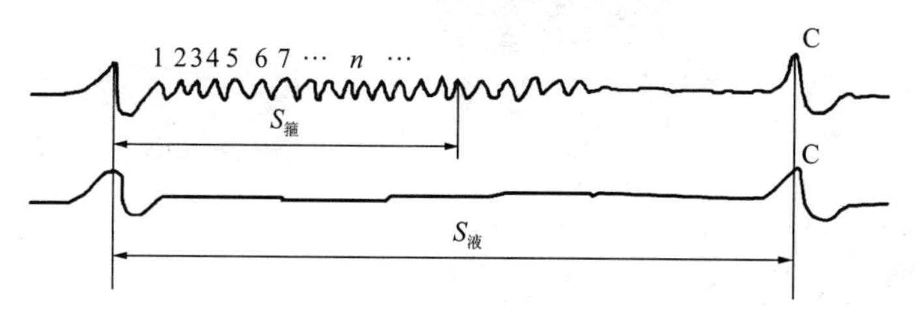

图 8.20　双通道回声仪记录曲线

液面的计算与分析。

（1）当井下无音标时用接箍计算：

$$H_{液}=\frac{S_{液}}{S_{箍}}\times n根油管的长度$$

（2）当井下有音标时：

$$H_{液}=\frac{S_{液}}{S_{标}}\times 音标下入深度$$

4. 仪器的结构

回声测深仪一般由井口连接器和记录仪组成。井口连接器用来向油、套环形空间发射一短促的声脉冲波，并把此声波与井中油管接箍、液面等障碍物的反射声波转换为电脉冲信号；记录仪则将电脉冲信号进行放大、滤波，分别将接箍反射信号及液面、回音标反射信号记录下来。井口连接器分声弹枪式（图 8.21）和气枪式两种（图 8.22）。

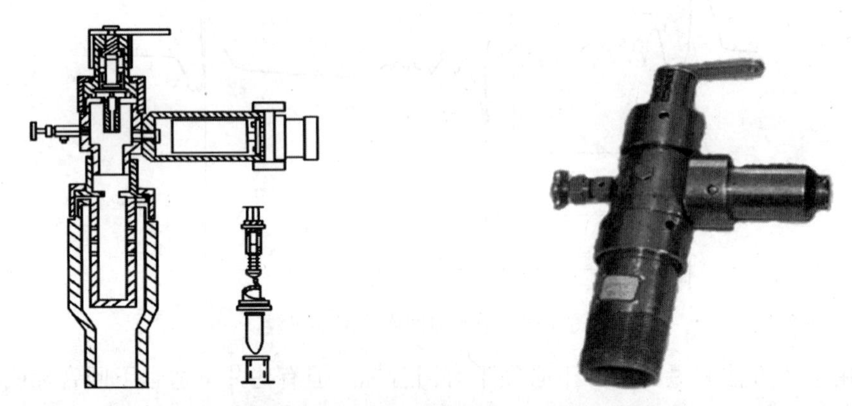

图 8.21　声弹枪式井口连接器结构示意图及外形图

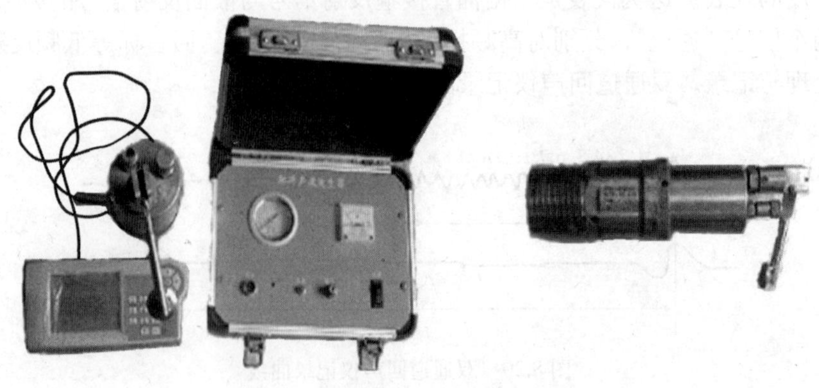

图 8.22　气枪式测试仪器外形图

二、示功图测试

1. 测试目的

了解井下设备的工作状况；根据测试资料，分析判断排采井工作制度是否合理。深井泵示功图测试也是排采井管理的一个重要环节。

2. 测试仪器

主要使用的测试仪器为电子示功仪，目前已发展到与计算机连接或利用无线电发射进行信息传输。电子示功仪由光杆负荷、光杆位移传感器（称一次仪表）和记录仪（称二次仪表）组成。

电子示功仪可以测量光杆负荷、光杆位移等参数，检查固定阀、游动阀的漏失和抽油机平衡状况。测量结果可以绘制成负荷—位移示功图。负荷传感器、位移传感器分别将光杆负荷及光杆位移转换为电信号送给记录仪。记录仪根据信号大小做出相应的示功图，并对其进行计算、分析。

示功图测试仪器的结构如图 8.23 所示。

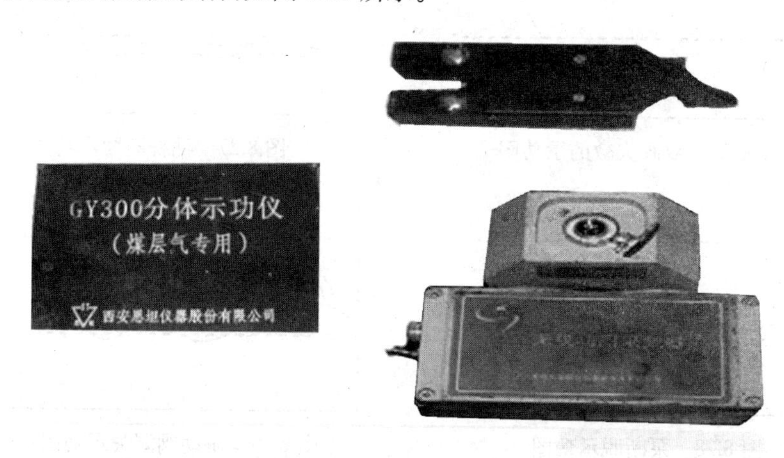

图 8.23　示功图测试仪器结构

3. 仪器的使用

（1）停抽、卸驴头负荷，将负荷、位移传感器夹在悬绳器上、下压板之间；

（2）用测试数据线将传感器与二次仪表连接起来；

（3）使驴头吃上负荷并启动抽油机；

（4）通过二次仪表面板输入井号、测试日期等内容，按测试键自动测试；

（5）要求测试三个相同的示功图；

（6）测试结束按保存键；

（7）停抽、卸负荷，取下传感器；

(8) 启动抽油机排水。

4. 常见示功图类型

图 8.24 至图 8.35 给出了几种常见的示功图类型。

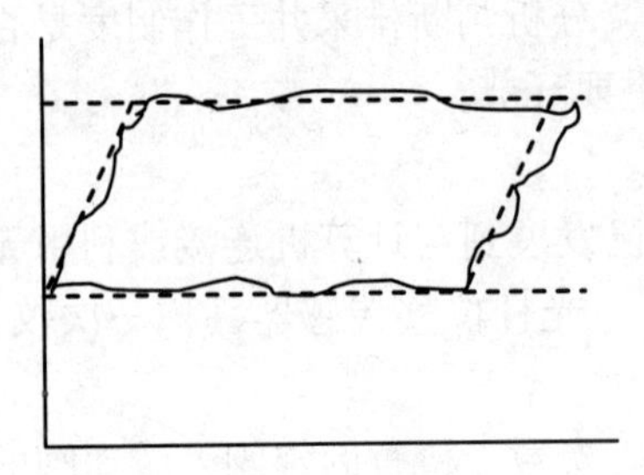

图 8.24　正常示功图

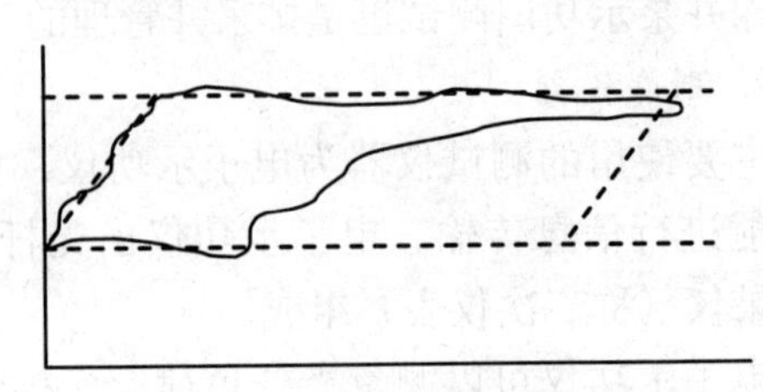

图 8.25　气体影响的示功图

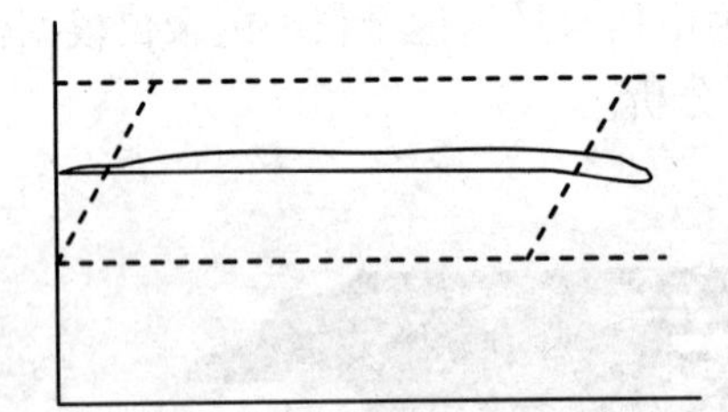

图 8.26　双阀失效的示功图

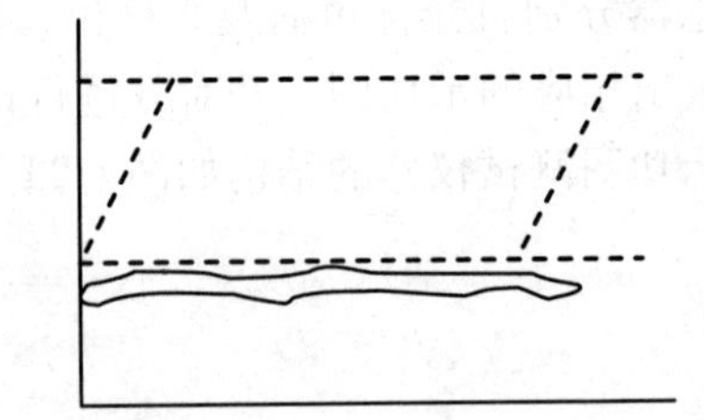

图 8.27　油杆断脱示功图

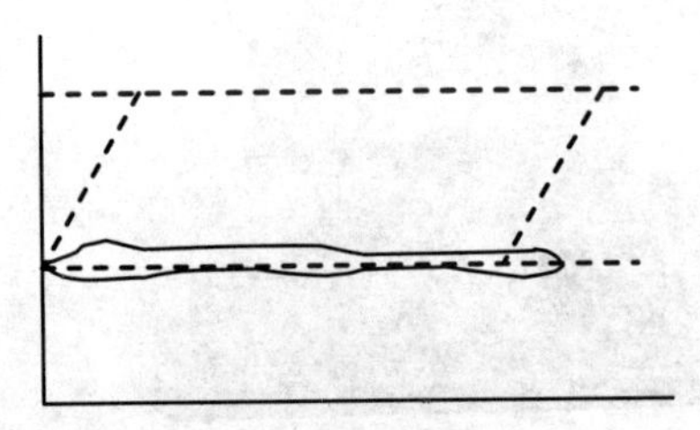

图 8.28　泵断脱示功图

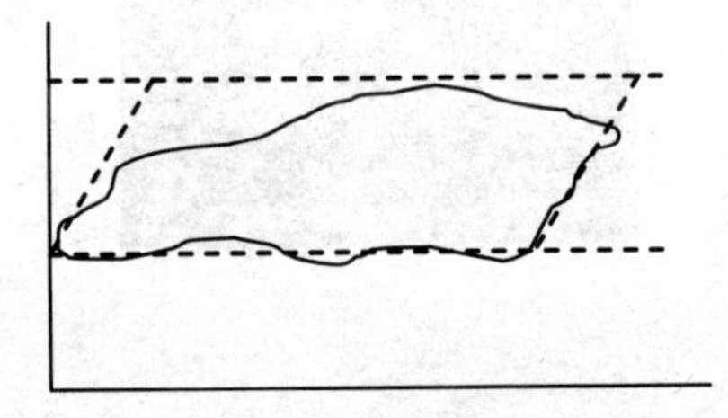

图 8.29　游动阀漏失示功图

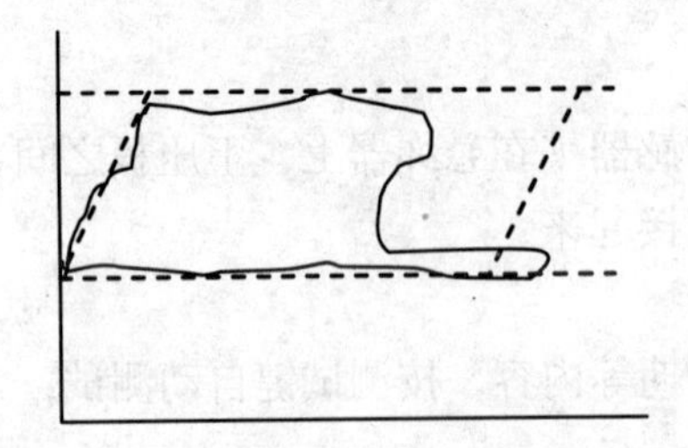

图 8.30　活塞拔出泵筒示功

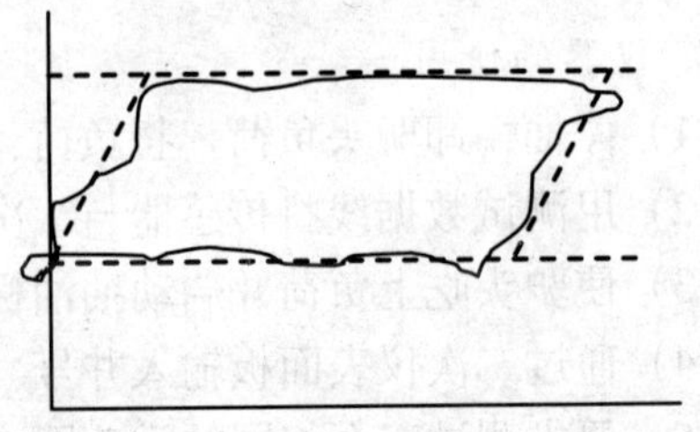

图 8.31　防冲距过小碰固定阀示功图

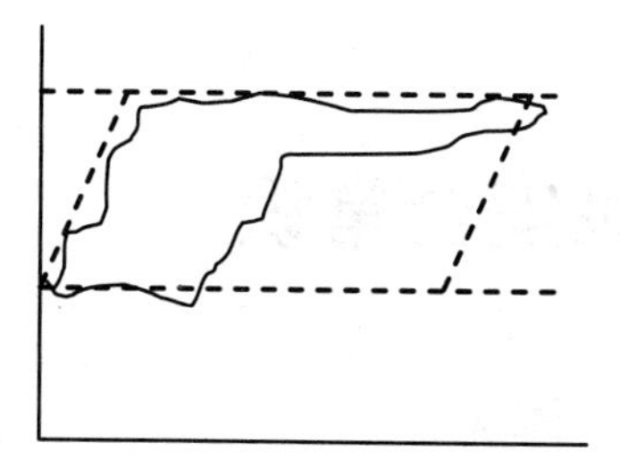

图 8.32　供液不足示功图

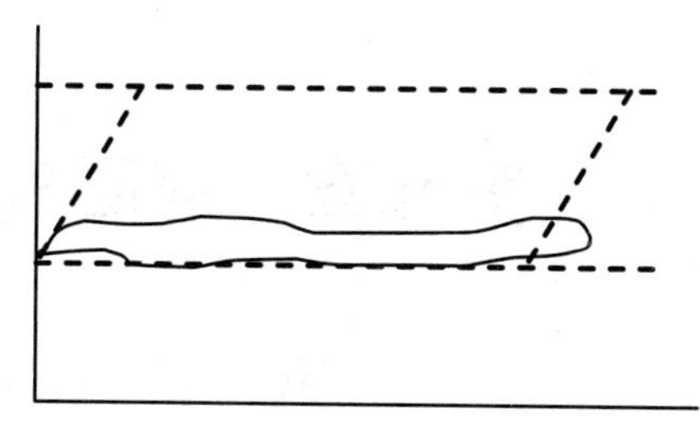

图 8.33　游动阀失效示功图

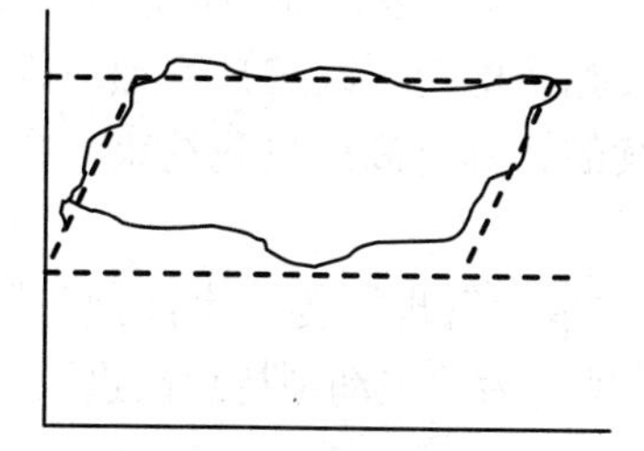

图 8.34　固定阀漏失示功图

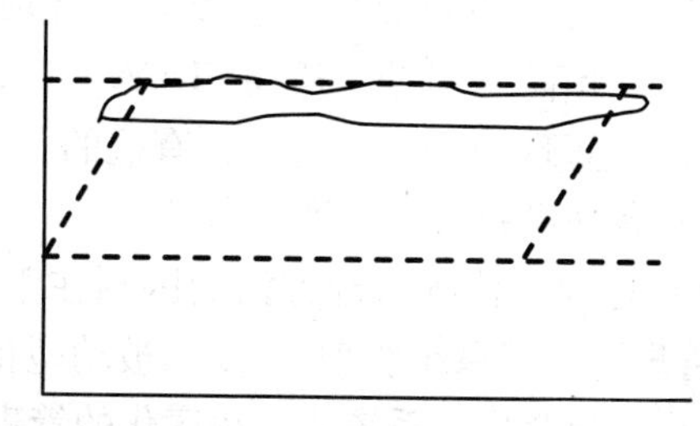

图 8.35　固定阀失效示功图

复习思考题

1. 弹簧管压力表工作的原理是什么？如何选型？
2. 简述压力传感器的概念及分类。
3. 体积流量、质量流量和累计流量三者有什么关系？
4. 简述差压式流量计的工作原理。
5. 高级孔板阀如何进行清洗保养？
6. 简述旋进旋涡智能流量计的测量原理。

第九章　煤层气排采安全常识

第一节　HSE 管理体系

HSE 管理体系是以健康、安全、环境为一体，以危害识别和风险分析为主线，以事先预防为引领，遵循 PDCA（计划、实施、检查、改进）管理原则，以持续改进促管理的一个系统的、有机的、可持续的，具有高度自我约束、自我完善、自我激励机制的现代管理模式。

HSE 管理与传统管理方法的区别在于：变“事后管理”为“事前预防”，变“单一管理”为“系统管理”，变“被动型指标管理”为“主动型持续改进”，是一种科学化、规范化、系统化、程序化的管理方法。

HSE 管理体系文件包括管理手册、程序文件和支持性文件。

HSE 管理体系基本框架如图 9.1 所示。

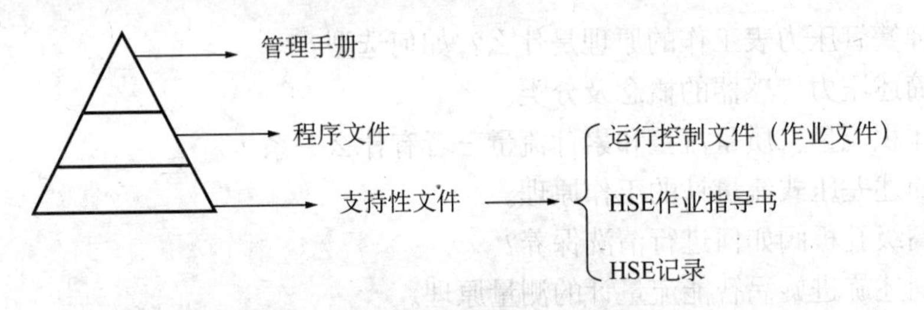

图 9.1　HSE 管理体系基本框架

一、HSE 管理体系的基本知识

1. HSE 管理体系的概念

健康（Health）、安全（Safety）、环境（Ervironment）用英文第一个字母大写表示，缩写为 HSE，健康、安全与环境管理体系简称 HSE 管理体系（Health, Safety and Ervironment Managemant System）。它将企业的健康、安全与环境管理纳入一个管理体系中，突出“预防为主，安全第一，领导承诺，全员参与，持续发展”的管理思想，是近十多年国际石油天然气工业推崇的一种管理模式。HSE 管理体系是企业内部管理体系之一，是目前国际石油行业通用的一套惯例和做法，是将健康、安全、环境三个方面综合在一起而形成的一种管理模式和体系。

其以文件为载体，以杜绝风险和零事故为目的，依靠必要的机构和资源，通过策划、实施、审核等要素支持而完成一体化的管理。

2. HSE 管理体系的基本理念——以人为本

各级领导在各种决策前、布置任务和下达指令时，都应保证决策、任务和指令不会危及人的生命安全，而不仅仅是考虑产值和生产效益。

（1）核心经营管理理念：诚信，创新，业绩，和谐，安全。这一理念代表着中国石油经营管理决策和行为的价值取向，是有机的统一整体，其中诚信是基石，创新是动力，业绩是目标，和谐是保障，安全是前提。

（2）集团公司 HSE 方针：以人为本，预防为主，全员参与，持续改进。以人为本就是关爱员工生命，关心员工健康，尊重员工的权益；预防为主就是实现由结果管理向过程管理的转变，要做好过程中的预防，过程管理成本更低；全员参与，绝大部分事故都是由人引起的，事故会波及每一个人，所以要求所有员工都要相互监督、相互帮助，使得事半功倍；持续改进，安全认识逐步到位，安全能力逐步提高，问题隐患逐步暴露，安全没有最好只有更好。

（3）集团公司 HSE 战略目标。追求零伤害、零污染、零事故，在健康安全与环境管理方面达到国际同行业先进水平。

（4）HSE 管理原则。任何决策必须优先考虑健康安全环境；安全是聘用的必要条件；企业必须对员工进行健康安全环境培训；各级管理者对业务范围内的健康安全环境工作负责；各级管理者必须亲自参加健康安全环境审核；员工必须参与岗位危害识别及风险控制；事故隐患必须及时整改；所有事故事件必须及时报告、分析和处理；承包商管理执行统一的健康安全环境标准。

（5）HSE–MS 思想原则。强调最高管理者的重要性；全员参与的原则；强调遵守法律法规的重要性；预防为主、防治结合的原则；持续改进的原则。

二、中国石油 HSE 管理体系构成

1. HSE 管理体系运行的基本原理——戴明模式

HSE 管理体系遵循戴明（PDCA）模式，即“计划（Plan）—实施（Do）—检查 Check）—改进（Act)”的结构，构成了一个持续改进的管理系统，如图 9.2 所示。

2. 中国石油 HSE 管理模式

中国石油 HSE 管理模式如图 9.3 所示。

3. HSE 管理体系的基本要素

管理体系要素是指为了建立和实施体系，将 HSE 管理体系划分为一些具有相对独立性的条款。

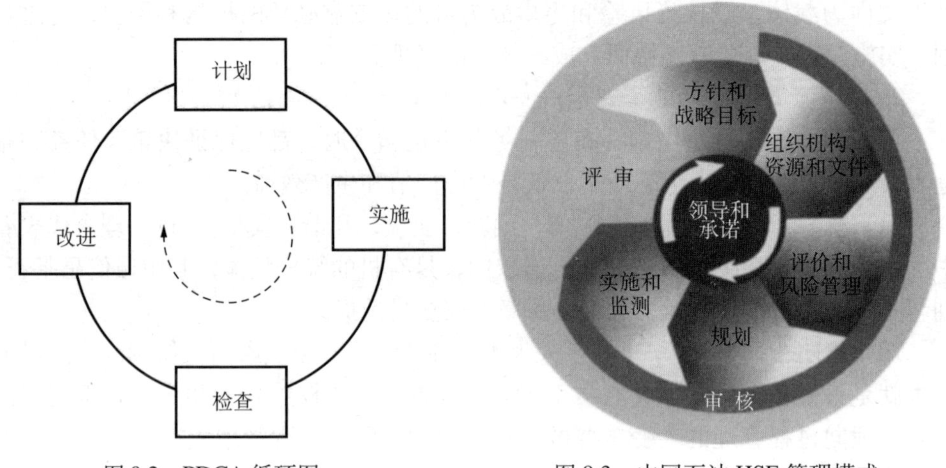

图 9.2　PDCA 循环图　　　　图 9.3　中国石油 HSE 管理模式

健康、安全与环境管理体系标准，既是组织建立和维护健康、安全与环境管理体系的指南，又是进行健康、安全与环境管理体系审核的标准，它由七个关键要素和二十五个相应的二级要素构成（表 9.1）。

1）要素一：领导与承诺

组织应明确各级领导健康、安全与环境管理体系的建立与运行。最高管理者

表 9.1　中国石油 HSE–MS 标准要素（Q/SY 1002.1—2007 标准基本要素）

一级要素	二级要素	基本内容
5.1 领导与承诺		自上而下的承诺，建立和维护 HSE 企业文化
5.2 健康、安全与环境方针		健康、安全与环境管理的意图，行动的原则，改善 HSE 表现和目标
5.3 策划	5.3.1 对危害因素的辨识、风险评价和风险控制的策划； 5.3.2 法律法规和其他要求； 5.3.3 目标与指标； 5.3.4 管理方案	对活动、产品及服务中健康、安全与环境风险的确定、评价及风险控制的制定； 根据法律及其他要求，组织方针确立的目标体系及实现目标的管理方案
5.4 组织机构、资源和文件	5.4.1 组织机构和职责； 5.4.2 管理代表； 5.4.3 资源； 5.4.4 培训、意识和能力； 5.4.5 协商和沟通； 5.4.6 文件； 5.4.7 文件和资料控制	人员组织、资源和完善的健康、安全与环境管理体系文件

续表

一级要素	二级要素	基本内容
5.5 实施和运行	5.5.1 设施完整性； 5.5.2 承包方和（或）供应方； 5.5.3 顾客和产品； 5.5.4 社区和公共关系； 5.5.5 作业许可； 5.5.6 运行控制； 5.5.7 变更管理； 5.5.8 应急准备与响应	工作活动的实施计划，包括通过一套控制程序来对与风险相关的活动进行控制，包括对设施完整性、承包方和供应方、顾客和产品、社区和公共关系、变更管理实施的控制，及制定和更新应急反应措施等
5.6 检查和纠正措施	5.6.1 绩效测量和监视； 5.6.2 合规性评价； 5.6.3 不符合、纠正和预防措施； 5.6.4 事故、事件报告、调查和处理； 5.6.5 记录和记录管理； 5.6.6 审核	对表现和活动的监测及必要时所采取的纠正措施，对体系整体符合性进行的评价
5.7 管理评审		对体系执行效果和适应性的定期评价

应对组织建立、实施、保持和持续改进健康、安全与环境管理体系提供强有力的领导和明确的承诺，建立和维护企业健康、安全与环境文化。

2）要素二：健康、安全与环境方针

组织应建立健康、安全与环境战略（总）目标，并应与健康、安全与环境方针（最高管理者批准）相一致，以提供建立和评审健康、安全与环境目标和指标的框架。

3）要素三：策划

组织应建立、实施和保持程序，用来确定其活动、产品或服务中能够控制或能够施加影响的健康、安全与环境危害因素，以持续进行危害因素辨识、风险评价和实施必要的风险控制与削减措施。针对其内部各有关职能部门和管理层次，建立、实施和保持形成文件的HSE目标与指标。同时应制订、实施并保持旨在实现其目标和指标以及针对特定的活动、产品或服务的HSE管理方案。

4）要素四：组织结构、资源和文件

组织确定与健康、安全、环境风险有关的各级职能部门和管理层次及岗位的作用、职责和权限，形成文件，便于HSE管理。管理者应为建立、实施、保持和持续改进HSE管理体系提供必要的资源，组织应确定培训的需求并提供培训。建立、实施和保持程序，确保就有关健康、安全与环境信息进行相互沟通。

5）要素五：实施和运行

组织建立、实施和保持程序，以确保对设施的设计、建造、采购、安装、操作、维护和检查等达到规定的准则要求，保证其承包方和（或）供应方的 HSE 管理与组织的 HSE 管理体系要求相一致。对项目建设、设施购置及建造前应进行健康、安全与环境评价，用满足本质健康、安全与环境要求的设计来削减和控制风险与影响。

6）要素六：检查和纠正措施

组织对可能具有健康、安全与环境影响的运行和活动的关键特性以及 HSE 绩效进行监视和测量。为了履行遵守法律法规和其他要求的承诺，组织应建立、实施和保持程序，以定期评价对现行适用法律法规和其他要求的遵守情况。

7）要素七：管理评审

组织的最高管理者应按规定的时间间隔对健康、安全与环境管理体系进行评审，以确保其持续适宜性、充分性和有效性。评审应包括评价改进的机会和对健康、安全与环境管理体系进行修改的需求。管理评审过程应确保收集到必要的信息提供给管理者进行评价。应保存管理评审的记录。

三、两书一表

《HSE 作业指导书》、《HSE 作业计划书》和《HSE 现场检查表》，简称"HSE 两书一表"。"HSE 两书一表"是风险管理理论在实际工作中的具体运用，是中国石油天然气集团公司基层组织 HSE 管理基本模式，是 HSE 管理体系在基层的文件化表现，是适应国内外市场需要，建立现代企业制度，增强队伍整体竞争能力的重要组成部分。风险管理的重点在基层，为强化基层组织风险管理意识，把风险管理工作落到实处，规范基层组织 HSE 管理工作，中国石油天然气集团公司于 2001 年颁布了 HSE 作业指导书和 HSE 作业计划书编写指南，在 2007 年对两书一表的编写提出了规范性要求。

《HSE 作业指导书》简称指导书，是对与专业相关的常规作业 HSE 风险的管理，是针对一个岗位或专业，通过对作业活动中风险的识别、评估、削减或控制以及应急管理等，把与专业或岗位相关的常规风险控制在"合理并尽可能低(ALARP)"的水平，对各类风险制订对策措施（对于按专业编制的指导书，还应把这些对策措施分配到相关岗位)，并落实到相应的岗位职责和操作规程中去，从而实现对该专业常规风险的控制。

《HSE 作业指导书》是操作规程等员工应知应会知识的载体，它是员工主要的培训教材、日常参考资料，通过对员工开展持续的、有针对性的培训（意愿、知识、技能)，有效提升员工业务素质，防止常规作业风险的发生。

把岗位作业指导书与岗位培训矩阵相结合，形成"岗位作业指导书 + 岗位培训矩阵"模式，优势互补，能够实现通过培训有效提升员工业务素质的目的；同时，也实现了新的工具方法（岗位培训矩阵）与传统管理模式（“两书一表”）有机结合的目的。

《HSE 作业计划书》简称计划书，是对项目新增的非常规 HSE 风险的管理。它是针对具体项目或活动情况，由基层组织结合具体施工作业的情况和所处环境等特定的条件，在开始进行作业前，按照风险管理流程所策划编制的对人、机、料、法、环等各种变化所产生的新增风险的控制；同时，对该项目中存在的重特大风险进行强化管理，经主管部门（人员）批准所形成的作业文件；编制计划书的基础是指导书，它是对指导书中所未涵盖内容的补充，即对人、机、料、法、环的变更所产生的新增风险的控制；计划书是对指导书不包括的、项目特有的、非常规风险的防控起到查缺补漏的作用。

《HSE 现场检查表》简称检查表，是在施工过程中实施检查的工具。涵盖指导书和计划书的主要检查要求与检查内容，根据施工作业现场具体情况，事先精心设计的一套与“两书”要求相对应的检查表，是在现场施工过程中岗位员工所使用的一种简单明了的表格式检查工具，明确了检查风险点、源，规范了检查内容，而不是上级领导或安全管理人员所使用的检查表。通过检查表，使每个岗位员工对自己所使用或管理的设备、设施、工器具以及施工作业现场等安全状态的检查与管理。

总之，指导书、计划书和检查表同属于 HSE 管理体系中的作业层文件。其中，指导书主要用以规范基层岗位员工的操作行为，通过强化“规定动作”，减少并最终杜绝“自选动作”，实现对专业常规风险的管理，即指导书是用来规范基层岗位员工安全行为的作业文件；计划书是对具体项目或活动的新增风险的动态管理，它既具有防范人的不安全行为的效力，也具有控制物的不安全状态的作用；指导书与计划书一起构成对所有辨识出来的风险的控制。检查表主要是实现对设备、设施及施工现场安全状态的检查与管理，即岗位员工按照检查表规定的巡回检查路线和检查内容，检查本岗位所使用或管理的设备、设施等安全状况，从而达到对物的不安全状态的控制。因此，“两书一表”是一种 HSE 风险管理模式，而不是一种控制某种特定风险的方式、方法，通过“两书一表”的应用可以有效防控各类事故的发生。

第二节　防火防爆知识

一、防火防爆常识

煤层气生产接触的是易燃、易爆的气体，采（集）气设备工作时都要承受一定的压力，所以掌握防火防爆常识是十分必要的。

1. 燃烧的条件

燃烧是可燃物质（气体、液体或固体）与助燃物（氧或氧化剂）发生的伴有放热和发光的一种激烈的化学反应。它具有发光（或发烟）、发热、生成新物质三个特征。

燃烧必须同时具备下述三个条件：可燃物、助燃物、点火源。每个条件要有一定的量，相互作用，燃烧方可产生。

1）可燃物

凡是与空气中的氧或其他氧化剂发生化学反应的物质称为可燃物。按其物理状态可分为气体可燃物（如天然气、氢气、一氧化碳）、液体可燃物（如汽油、柴油、甲醇）和固体可燃物（如木材、布匹、塑料）三类。

2）助燃物

凡是能帮助和支持可燃物燃烧的物质，即能与可燃物发生氧化反应的物质称为助燃物（空气、氧气、氯气以及高锰酸钾等氧化物和过氧化物）。能够使可燃物维持燃烧不致熄灭的最低氧含量即含氧指数，空气中氧含量约为 21%，实验证明，空气中氧含量低于 17% 时，一般可燃物的燃烧就要停止，即要使一般可燃物燃烧，必须有足够的氧含量。

3）点火源

凡能引起可燃物与助燃物发生燃烧反应的能量来源称为点火源。根据其能量来源不同，点火源可分为：明火、高热物及高温表面、电火花、静电、雷电、摩擦与撞击、易燃物自行发热、绝热压缩、化学反应热及光线和射线等。此外，可燃物质燃烧所需的点火能量是不同的，一般可燃气体比可燃固体和可燃液体所需要的点火能量要低。点火源的温度越高，越容易引起可燃物燃烧。

2. 燃烧的类型

根据燃烧发生瞬间的特点，燃烧分为闪燃、着火、自燃、爆燃四种类型，每种类型的燃烧都有其特点。

1）闪燃

在一定温度下，可燃液体（包括少量可熔化的固体，如萘、樟脑、硫黄、石蜡、沥青等）蒸气与空气混合后，达到一定的浓度时，遇点火源产生的一闪即灭的燃烧现象，称为闪燃。在规定的试验条件下，液体发生闪燃的最低温度，称闪点；闪点是评价液体火灾危险性的主要根据，液体的闪点越低，火灾的危险性越大。

2）着火

可燃物质在与空气共存的条件下，受到外界火源的直接作用而开始燃烧并在点火源移开后仍能继续燃烧，这种持续燃烧的现象称为着火。物质能被点燃的最低温度称燃点，也称着火点。对可燃固体和高闪点液体，燃点是用于评价其火灾危险性的主要依据。在防火和灭火工作中，只要把温度控制在燃点温度以下，燃烧就不能进行。

3）自燃

可燃物在没有外部火花、火焰等点火源的作用下，因受热或自身发热并蓄热而发生的自行燃烧现象，称为自燃。自燃包括本身自燃和受热自燃。本身自燃与受热自燃的区别在于热的来源不同。在规定的试验条件下，可燃物质产生自燃的最低温度称为自燃点。例如，黄磷、硫化铁（硫化亚铁）在空气中很容易发生自燃。

在煤层气集输和加工处理过程中，煤层气和酸气中的硫化氢使设备或容器内表面腐蚀而生成一层硫化铁。如容器或设备在检修时被敞开，它与空气接触，在常温下与空气发生氧化作用，便能自燃；如同时有可燃气体存在，则可能引起火灾爆炸事故。

自燃点是判断、评价可燃物质火灾危险性的重要指标之一，自燃点越低，物质的火灾危险性越大。

4）爆燃

可燃物质（包括气体、雾滴和粉尘）和空气或氧气的混合物由火源点燃，火焰立即从火源处以不断扩大的同心球形式自动扩展到混合物存在的全部空间，这种以热传导方式自动在空间传播的燃烧现象称为爆燃。

3. 爆炸

1）爆炸的分类

爆炸是物质自一种状态迅速转变成另一种状态，并在瞬间放出大量能量，同时产生巨大声响的现象。爆炸可分为物理性爆炸和化学性爆炸。

物理性爆炸是由物理变化引起的，物质因状态或压力发生突变，超过容器所能承受的压力而造成的爆炸。物理性爆炸前后物质的性质及化学成分均不改变。例如，压力容器因超压引起的爆炸属于物理性爆炸，蒸汽锅炉爆炸、压缩气瓶因外界条件变化而造成的爆炸都属于此类。这种爆炸能间接造成火灾或促使火势的扩大蔓延。

化学性爆炸是物质在发生极迅速的化学反应过程中形成高温高压和新的反应产物而引起的爆炸。化学性爆炸前后物质的性质和成分均发生了改变。化学性爆炸按爆炸时所发生的化学变化又分简单分解爆炸、复杂分解爆炸和爆炸性混合物的爆炸三类。

2）爆炸极限

可燃气体、蒸气或粉尘与空气混合形成的爆炸性混合物，遇火源发生爆炸的浓度范围称为爆炸极限。爆炸上限是爆炸性混合物遇火源发生爆炸的最高浓度；爆炸下限是爆炸性混合物遇火源发生爆炸的最低浓度。混合物浓度低于爆炸下限，既不爆炸也不燃烧；混合物浓度高于爆炸上限时不会爆炸，但能燃烧。

爆炸极限不是一个固定值，它随着各种因素而变化，主要的影响因素有温度、压力、容器大小、火源的能量、含氧量等。

混合物的温度升高，爆炸极限范围扩大，爆炸危险性增加；混合物的压力增大，爆炸极限范围扩大，爆炸危险性增大。压力减小，爆炸极限范围缩小。当压力降至某一数值时，爆炸上限和爆炸下限重合为一点，此时的压力为临界压力。若压力降到临界压力以下，则不会发生爆炸；容器管道的直径减小，爆炸极限范围缩小，爆炸危险性降低；火源能量越高，爆炸极限范围越宽；增加氧含量使上限显著增高，爆炸范围扩大，增加了发生火灾爆炸的危险性。例如，甲烷在空气中的爆炸范围为5.3%～14%，而在纯氧中扩大到5.0%～61%。

4. 防火防爆的基本措施

根据物质燃烧爆炸原理，防火防爆基本措施就是消除产生燃烧的条件。防火防爆的基本原则是：控制可燃物和助燃物的浓度、温度、压力及混合条件，避免物料处于燃爆的危险状态；消除一切能够导致起火爆炸的点火源；采取各种阻隔手段，阻止火灾爆炸事故灾害的扩大。

1）控制可燃物

控制可燃物，就是使可燃物达不到燃爆所需要的数量、浓度，或者使可燃物难燃化或用不燃材料取而代之，从而消除发生燃爆的物质基础。例如，对有泄漏可燃气体或蒸气危险的场所，应在泄漏点周围设立禁火警戒区，同时用机械排风或喷雾水枪驱散可燃气体或蒸气。

2）控制助燃物

控制助燃物，就是使可燃性气体、液体、固体、粉体物料不与空气、氧气或其他氧化剂接触，或者将它们隔离开来，即使有点火源作用，也不会发生燃烧、爆炸，例如，采用密闭设备系统、惰性气体保护、隔绝空气、隔离储存等方法控制助燃物。

3）消除点火源

消除引起燃烧的激发能源，即消除明火、电器火花、摩擦热、撞击火花、高温物体、日光和聚光作用、静电放电火花等。一方面，采取控温、遮阳、防雷、防爆装置等措施避免产生火源；另一方面在建筑物之间构筑防火墙，留出防火间距，在能形成可燃介质的厂房设泄压门窗、轻质屋盖，在可燃气体管道上装阻火器、安全水封等。

4）阻止火势蔓延

阻止火势蔓延，就是阻止火焰或火星窜入有燃烧爆炸危险的设备、管道或空间，阻止火焰在设备和管道中扩展，把燃烧限制在一定范围内不致向外传播。其目的在于减少火灾危害，把火灾损失降到最低限度，主要是通过设置阻火装置和建造阻火设施来达到。

5）限制爆炸波扩散

限制爆炸波扩散，就是采取泄压隔爆措施防止爆炸冲击波对设备或建（构）筑物的破坏和对人员的伤害，主要是通过在工艺设备上设置防爆泄压装置和在建（构）筑物上设置泄压隔爆结构或设施来达到。

除了从设备上、客观环境上做好防火防爆工作外，强化人们防火防爆意识，重视、懂得怎样防火防爆，自觉遵守各项防火防爆规章制度，杜绝火源，才能真正消除产生火灾爆炸的条件。

二、煤层气的防火防爆

1. 煤层气的成分和热值

煤层气也是一种天然气，煤层气俗称瓦斯，是以煤为储层的非常规天然气，主要成分是甲烷（占90%以上）、二氧化碳和氮，从煤层气里还可能检测到微量乙烷、丙烷、丁烷、戊烷、氢、一氧化碳、二氧化硫、硫化氢以及氦、氖、氩、氪、氙等成分。

在一定范围内，煤层气比空气轻，其密度是空气的0.55倍，稍有泄漏会向上扩散，只要保持室内空气流通，即可避免火灾和爆炸，煤层气爆炸极限为5%～15%。

所谓热值，就是单位体积的可燃气体，在完全燃烧时所放出的热量。那么单位体积的煤层气，在完全燃烧时所放出的热量就称为煤层气的热值。

可燃物燃烧时所能达到的最高温度、最高压力及爆炸力均与物质热值有关。煤层气或瓦斯的热值跟甲烷（CH_4）含量有关，当甲烷含量为97.8%时，在0℃，101.325kPa条件下：

$$\text{高热值}\quad Q_H=38.9311\text{MJ/m}^3\ (\text{约 }9299\text{kcal/m}^3)$$

$$\text{低热值}\quad Q_L=34.5964\text{MJ/m}^3\ (\text{约 }8263\text{kcal/m}^3)$$

2. 引起煤层气火灾的原因及预防

1）原因

集输场站内的生产设备、集输管线以及阀门、法兰、压力表接头等因腐蚀或者关闭不严造成漏气，遇火源就可能发生火灾；点火时，未按“先点火、后开气”的次序操作；切割或焊接气管线和设备时，安全措施不当；硫化铁粉末遇空气自燃；闪电或静电等原因引起火灾；电气设备损坏导致短路引起火灾。

2）预防措施

（1）经常检查设备、管线，及时堵漏。

（2）切割、焊接气管线或设备时，要有安全防护措施，防止煤层气和空气的混合物着火爆炸伤人。

（3）加热炉或生活用气点火时，严格按“先点火、后开气”的次序操作。

（4）清除设备内的硫化铁粉末时，一定要湿式作业，容器打开后立即喷入冷水，以防自燃。

（5）搞好用气管理，禁止私自乱接乱装燃气管线，严格执行有关规定。

（6）设备管线放空吹扫时，一般情况下要点火烧掉；情况特殊不能点火时，应根据放空量的多少和时间长短划定安全区，区域内禁止烟火、断绝交通。

（7）井站的电气设备、仪表，应有防爆设施；井站内禁用裸线照明，照明要用防爆灯或探照灯；雷击区的井站，要装避雷针。

（8）井站内禁止堆放油料、木材、干草等易燃物品；灭火器材应完好、齐备，随时能用。

（9）禁止在井场内擅自动用电焊、气焊（割）等明火。必须动用明火时，要严格按照“动火作业安全管理规范”规定执行。

3. 引起煤层气爆炸的原因及预防

1）采气设备、管线发生爆炸的原因

设备的操作压力大于设计工作压力；设备被腐蚀，壁厚减薄，或因氢脆使设备的实际承压能力远远低于设计工作压力；煤层气和空气的混合气体，在爆炸极限内遇明火，或者被突然压缩成高压，温度升高而发生爆炸。

2）防爆措施

（1）采气井站设备管线安装后应进行整体试压，试压合格后才能投入使用。

（2）定期对设备、管线进行腐蚀调查，发现严重腐蚀，应立即组织检修或更换等工作。

（3）设备、管线严禁超压工作，若生产需要提高压力工作，需报告上级批准，并进行鉴定和试压，合格后方能升压。

（4）设备、管线上的安全阀和压力表，要定期检查、校验，保证准确、灵敏。

三、灭火知识

在时间和空间上失去控制的燃烧所造成的灾害称为火灾。

1. 火灾的分类

国家标准《火灾分类》(GB/T 4968—2008)中火灾根据可燃物的类型和燃烧特性，分为A、B、C、D、E、F六类。

A类火灾，指固体物质火灾，如木材、煤、棉、毛、麻、纸张等火灾。

B类火灾，指液体或可熔化的固体物质火灾，如煤油、柴油、原油、甲醇、石蜡等火灾。

C类火灾，指气体火灾，如煤气、天然气、甲烷、乙烷、丙烷、氢气等火灾。

D类火灾，指金属火灾，如钾、钠、镁、铝镁合金等火灾。

E类火灾，指带电设备火灾，物体带电燃烧的火灾。

F类火灾，指烹饪器具内的烹饪物(如动植物油脂)火灾。

2. 灭火原理及方法

根据物质燃烧原理，灭火的基本原理就是破坏燃烧必须具备的基本条件和燃烧的反应过程所采取的一些措施。常见的灭火方法按照灭火原理通常可归纳为四种：冷却灭火法、窒息灭火法、隔离灭火法和抑制灭火法。

1)冷却灭火法

冷却灭火法是根据可燃物发生燃烧时必须达到一定的温度这个条件，将灭火剂直接喷洒在燃烧着的物体上，使可燃物的温度降到燃点以下，从而使燃烧停止。用水进行冷却灭火，这是扑救火灾的常用方法。二氧化碳的冷却灭火效果很好，二氧化碳灭火器喷出 −78℃的雪花状固体二氧化碳，在迅速汽化时吸取大量的热，从而降低燃烧区的温度，使燃烧停止。

2)窒息灭火法

窒息灭火法，是根据可燃物质燃烧需要足够的空气(氧)这个条件，采取适当措施来阻止空气流入燃烧区，或用惰性气体稀释空气，使燃烧物质因缺乏或断绝氧气而熄灭，适用于扑救封闭的房间和生产设备装置内的火灾。

在火场上运用窒息灭火法扑救火灾时，可以采用石棉布、湿棉被、湿帆布等不燃或难燃材料覆盖燃烧物或封闭孔阀，用水蒸气、惰性气体(如二氧化碳，氮气等)充入燃烧区内，利用建筑物上原有的门、窗以及生产储运设备上的部件封闭燃烧区，阻止新鲜空气流入。

3)隔离灭火法

隔离灭火法，是根据发生燃烧必须具备可燃物质这个条件，将燃烧物体与附近的可燃物隔离或疏散开，使燃烧停止，适用于扑救各种固体、液体和气体的火灾。例如，将火源附近的可燃、易燃、易爆物质从燃烧区转移到安全地点，可以实现隔离；关闭阀门阻止可燃气体、液体流入燃烧区等。

4）抑制灭火法

抑制灭火法，就是使灭火剂参与燃烧的链锁反应，使燃烧过程中产生的游离基消灭，形成稳定分子或低活性的游离基，从而使燃烧反应停止。灭火时，一定要将足够数量的灭火剂准确地喷射在燃烧区内，使灭火剂参与和中断燃烧反应，同时要采取必要的冷却降温措施，以防止复燃。

在火场上，采用哪种灭火方法，应根据燃烧物质的性质、燃烧特点和火场的情况，以及消防技术装备的性能进行选择。

3. 灭火器的使用

灭火器由筒体、器头、喷嘴等部件组成，借助驱动压力将所充装的灭火剂喷出，达到灭火的目的，是扑救初起火灾的重要消防器材。我国通常都是以灭火器充装的灭火剂来划分灭火器的种类，一般可分为五类，这里重点介绍干粉灭火器、泡沫灭火器和二氧化碳灭火器。

1）干粉灭火器

干粉灭火器是以高压二氧化碳作为动力喷射固体干粉的新型灭火器材。使用时，可将干粉灭火器用手提或肩扛到火场，上下颠倒几次，在距离火场 3 ～ 4m 处，去掉铅封，拔掉保险销，一手握紧喷嘴，对准火焰根部，另一手的大拇指将压把按下，干粉即可喷出，并要迅速摇摆喷嘴，使粉雾横扫整个火区，由近而远向前推移，很快将火扑灭。

干粉灭火器无毒、无腐蚀作用，适用于扑灭油类、可燃气体、有机溶剂、电气设备等的火灾，尤其适用于电气设备和遇水燃烧物质的火灾。

2）泡沫灭火器

移动泡沫灭火器时，不能肩扛或倾斜，防止两种溶液混合。使用时，左手握住提环，右手抓住筒体底边，喷嘴对准火焰根部，迅速将灭火器颠倒过来，轻轻抖动几下，筒内两种溶液互相混合，发生化学反应生成的二氧化碳气体一方面在发泡剂的作用下形成以二氧化碳为核心外包氢氧化铝的化学泡沫，另一方面使灭火筒内压强迅速增大，将大量的二氧化碳泡沫喷出。这种化学泡沫具有黏性，能附着在燃烧物的表面，将燃烧物覆盖使之与空气隔绝，熄灭火焰。

泡沫灭火器能扑灭多种液体和固体物质所发生的火灾，特别是对不溶于水的易燃液体如汽油、煤油、香蕉水、松香水等着火的扑灭更为有效。但不能扑救醇、酮、醚、酯等物质火灾和电气设备的火灾。

3）二氧化碳灭火器

二氧化碳灭火器按开关方式的不同分为手提式、鸭嘴式两种，都是由钢瓶、启闭阀、喷筒、虹吸管和手柄等组成。

使用时，一手握着喇叭筒的把手将其对准火焰根部，另一手打开开关，即可喷出二氧化碳。如果是手轮开关，向左旋转即可喷出二氧化碳。开始喷出的二氧化碳是雪花状的干冰，因吸收燃烧区空气中的热量很快成为气体二氧化碳，这样使燃烧区的温度大幅度降低，起到了冷却作用。同时大量的二氧化碳气体笼罩着燃烧物，使之与空气隔绝，当燃烧区空气中二氧化碳的浓度达到 36% ~ 38% 时，火焰很快熄灭。

二氧化碳灭火器灭火后不留任何痕迹，不损坏被救物品，不导电、不腐蚀，尤其适用于扑灭电气设备、精密仪器、电子设备、图书馆、档案馆等处发生的火灾。忌用于某些金属如钠、钾、铝、镁等引起的火灾。

第三节　防毒基础知识

在煤层气开采生产过程度中常有一些有毒物质（硫化氢、醇类等）。由于操作不当，设备管理不善或设备质量不合格，就会造成中毒事故发生。

在煤层气生产中，毒物的来源是多方面的：有的作为原料，如煤层气开采中使用的甲醇；有的系为中间体或副产品，如煤层气开采过程中的硫化氢、一氧化碳；有的是成品，如煤层气开采的甲烷气；有的为夹杂物如煤尘，还有的是反应产物或废弃物，如氩弧焊作业中产生的臭氧等。

一、有毒物侵入人体的途径

有毒物可通过呼吸道、皮肤和消化道侵入人体。

煤层气生产中的毒物，主要是从呼吸道和皮肤进入人体，有毒物质能很快经过毛细血管进入血液循环系统，经毛囊空间到达皮脂腺及腺体细胞而被吸收，从而分布到全身，这一途径是不经过肝脏解毒的，因而具有较大的危险性。

通过消化道进入人体的有毒物质，大多随粪便排出，其中一小部分在小肠内被吸收，经肝脏解毒转化后被排出，只有一小部分进入血液循环系统，危险性较小。

二、有毒物对人体的危害

有毒物危害人体的神经系统、呼吸系统、血液和心血管系统、消化系统、泌尿系统，造成皮肤损伤、危害眼睛，甚至致癌。

三、煤层气生产中常见的毒物及预防

1. 硫化氢（H_2S）

煤层气中的无机硫化物如硫化氢（H_2S），和有机硫化物如硫醇（RSH）、硫醚（RSR）等这些气体都是毒性很大的气体。

硫化氢是无色、剧毒、酸性气体，人的肉眼看不见；有一种特殊的令人讨厌的臭鸡蛋味；是一种比空气重的气体，其相对密度为1.176；硫化氢气体与空气或氧气混合，就会爆炸，爆炸极限为4.3%～46%；硫化氢能在液体中溶解，溶解性随液体温度升高而下降；液态硫化氢的沸点很低，我们通常看到的是气态的硫化氢（–62℃）；硫化氢易燃，燃烧时发出蓝色火焰。

硫化氢对人的危害：一是中枢神经系统损害最为常见，中枢神经症状极为严重，硫化氢刺激神经系统，导致头晕，丧失平衡，呼吸困难；二是呼吸系统损害，硫化氢通过口腔—呼吸道—肺部—血液—全身各器官刺激呼吸道，使嗅觉钝化、咳嗽、灼伤，可出现化学性支气管炎、肺炎、肺水肿、急性呼吸窘迫综合征等；三是心肌损害，硫化氢导致心脏加速，严重时缺氧而死。

2. 一氧化碳（CO）

一氧化碳是一种无色、无臭、无刺激性气体，是一种窒息性毒气，属B级毒物，相对密度0.91；微溶于水，易溶于氨水；碳及含碳物质在氧气不足的情况下燃烧，都能产生一氧化碳。

一氧化碳对人的危害：一氧化碳主要是由呼吸道进入肺泡（皮肤不能吸收），在肺泡中通过气体交换进入血液循环系统；一氧化碳与血红蛋白的亲合力很强，因此，一氧化碳与氧争夺血红蛋白而形成碳氧血红蛋白，使血液的携氧功能下降；导致机体组织缺氧；吸入高浓度一氧化碳时，可引起窒息而死亡。

3. 醇类物质中毒、甲醇（CH_3OH）

在煤层气生产中，常常使用醇类物质来预防水合物和煤层气脱水。甲醇又名木醇或木酒精，无色澄清液体，略带酒精气味；甲醇属Ⅲ级毒物；沸点64.5℃，相对密度0.7924，甲醇蒸气相对密度1.11；可与水、乙醇、乙醚、苯、酮、酯及卤代烷等相混溶；易燃，燃烧时呈蓝色火焰；易氧化或脱氢而生成甲醛。

甲醇对人体的危害：甲醇可经过呼吸道、消化道、皮肤吸收，吸收后迅速分布于全身，它的蒸气强烈刺激人体器官黏膜，当其蒸气侵入人体皮肤时，就会引起中毒，刺激眼睛以至失明，长期接触可引起慢性中毒，表现为神经衰弱、视力减退、皮炎湿疹等，重者可致失明、中枢神经系统严重损害和呼吸衰竭而死亡。

4. 煤层气

煤层气的主要成分是甲烷，它本身不属于有毒气体，但当空气中甲烷含量增加时，氧气含量减少，当氧含量减少到17%时，则呼吸困难，面色发青。当空气中的甲烷含量增加到10%时，就会使人感到氧气不足而产生中毒现象，虚弱眩晕，因缺氧使人窒息而失去知觉，直至死亡。

5. 防止中毒的措施

（1）采输气管道和场站应有正确的设计、施工以及严格规范的管理，生产过程密闭化，加强通风排毒，避免有毒物质的泄漏。做好设备、仪表的维护保养，及时堵漏。

（2）在站场工艺装置区和有工艺设施的建筑物内，应安装有毒有害气体检测报警仪，避免操作人员误入有毒气体泄漏的场所。

（3）操作和维修人员在现场工作时应穿戴劳保用品和防毒器具，防毒面具佩戴时间不得超过说明书规定，并且要有人监护。

（4）如需进入容器内检修，应事先对容器内的介质进行置换和吹扫，当容器内的氧含量大于18%、H_2S 含量小于 $10mg/m^3$ 时才允许进行检修作业，并佩戴正压式空气呼吸器。

（5）甲醇要密封保存，容器不准敞露；注醇泵房应通风良好。

（6）与有毒物质接触的工作，应加强防毒保护。戴防护镜、防毒口罩和手套、穿工作服，站上风操作，工作完毕后洗澡换衣。

（7）定期体检，发现职业病及时治疗；加强中毒预防及急救培训，心脏、肺和中枢神经系统疾病为职业禁忌。

（8）严格遵守"含硫化氢的煤层气的开发规定"及在安全防护方面的具体规定。

第四节 安全用电知识

电是煤层气开采井站不可缺少的能源，如各种机泵、通信、自动控制仪器仪表、照明等都离不开电。而采气井站相当数量的用电设备是在野外露天等严酷条件下运行的，并且井站分散，一般用电设备无专职电工管理，都是由采气工管理。因此，掌握安全用电知识，对减少或避免触电事故的发生具有十分重要的意义。

一、触电事故

触电事故按照电流对人体的危害可以分为电伤和电击两种类型。电伤是指由于电流的热效应、光效应、化学效应和机械效应引起人体外表的局部伤害，如电灼伤、电烙印、电光眼、皮肤金属化等，电伤在不是很严重的情况下，一般无生命危险；电击是指电流流过人体内部造成人体内部器官的伤害，这是触电事故中后果最严重的，绝大部分触电死亡事故都由电击造成。

1. 电伤

触电伤亡事故中，纯电伤性质的及带有电伤性质的约占75%（电烧伤约占40%），尽管大约85%以上的触电死亡事故是电击造成的，但其中大约70%含有电伤成分。

（1）电烧伤，是电流的热效应造成的伤害，分为电流灼伤和电弧烧伤。

（2）皮肤金属化，是在电弧高温的作用下金属熔化、汽化，金属微粒渗入皮肤，使皮肤粗糙而张紧的伤害；皮肤金属化多与电弧烧伤同时发生。

（3）电烙印，是在人体与带电体接触的部位留下的永久性斑痕；斑痕处皮肤失去原有弹性、色泽，表皮坏死，失去知觉。

（4）机械性损伤，是电流作用于人体时，由于中枢神经反射、肌肉强烈收缩、体内液体汽化等作用导致的机体组织断裂、骨折等伤害。

（5）电光眼，是发生弧光放电时，由红外线、可见光、紫外线对眼睛的伤害。电光眼表现为角膜炎或结膜炎。

2. 电击

按照发生电击时电气设备的状态，电击可分为直接接触电击和间接接触电击。直接接触电击是指人体触及正常运行的设备和线路的带电体造成的触电事故；间接接触电击是指人体触及正常情况下不带电而故障时意外带电的设备造成的触电事故。

按照人体触及带电体的方式和电流流过人体的途径，电击可分为：单相电击、两相电击和跨步电压电击。

（1）单相电击，人站在导电性地面或其他接地导体上，人体某一部位触及一相导体时，由加在人体上的接触电压造成的电击称为单相电击。大部分电击事故都是单相电击事故。

（2）两相电击，人体离开接地导体，人体某两部位同时触及两相导体时，由接触电压造成的电击称为两相电击。

（3）跨步电压电击，人体进入地面带电的区域时，两脚之间承受的电压称为跨步电压，由跨步电压造成的电击称为跨步电压电击。

二、触电防护技术

预防直接接触电击事故的技术有绝缘、屏护和间距，预防间接接触电击事故的技术主要有保护接地和保护接零，其他电击预防技术包括安全电压、电气隔离和漏电保护等。

1. 绝缘

绝缘是用不导电物把带电体封闭起来。电气设备的绝缘应符合其相应的电压等级、环境条件和使用条件。电气设备的绝缘不得受潮，表面不得有粉尘、纤维或其他污物，不得有裂纹或放电痕迹，表面光泽不得减退，不得有脆裂、破损，弹性不得消失，运行时不得有异味。

2. 屏护

屏护是采用遮栏、护罩、护盖、箱闸、金属管等将带电体同外界隔绝开来。屏护类型有永久性与临时性装置和固定式与移动式装置。

使用要求：材料有足够的机械强度和良好的耐火性能；变配电设备应有完善的屏护装置。屏护装置应安装牢固；金属材料制成的屏护装置应可靠接地（或接零）；遮栏、栅栏应根据需要挂标示牌；遮栏出入口的门上应根据需要安装信号装置和连锁装置；屏护装置应有足够的尺寸，应与带电体保证足够的安全距离。

3. 间距

间距是将可能触及的带电体置于可能触及的范围之外，其安全作用与屏护的安全作用基本相同。对安全间距的基本要求是，带电体与地面之间、带电体与树木之间、带电体与其他设施和设备之间、带电体与带电体之间均应保持一定的安全距离，安全距离的大小决定于电压高低、设备类型、环境条件和安装方式等因素。

4. 保护接地与保护接零

保护接地与保护接零主要是预防间接接触触电事故，包括 IT 系统、TT 系统和 TN 系统，如果设备采用保护接地与保护接零预防技术，将会使风险大幅度降低。

5. 安全电压

安全电压是在一定条件下、一定时间内不危及生命安全的电压。国家标准《特低电压（ELV）限值》（GB 3805—2008）规定工频交流电（50 ~ 500Hz）安全电压有效值的限值为 50V。不同的工作环境和工作条件下，采用的安全电压额定值不同，国家标准规定工频交流电安全电压有效值的额定值有 42V、36V、24V、12V 和 6V。凡特别危险环境使用的携带式电动工具应采用 42V 安全电压；凡有电击危险环境使用的手执照明和局部照明应采用 36V 或 24V 安全电压；凡金属容器内、隧道内、水井内以及周围有大面积接地导体等工作地点狭窄、行动不便的特别危险环境或特别潮湿环境应使用的手提照明灯采用 12V 安全电压；水下作业等特殊场所应采用 6V 安全电压。

6. 电气隔离

电气隔离指工作回路与其他回路实现电气上的隔离。电气隔离是通过采用 1 ： 1，即一次边、二次边电压相等的隔离变压器来实现的。电气隔离的安全实质是阻断二次边工作的人员单相触电时电流的通路。电气隔离的电源变压器必须是隔离变压器，二次边必须保持独立，应保证电源电压小于等于 500V、线路长度小于等于 200m。

7. 漏电保护

漏电保护是利用漏电时线路上的电压或电流异常，自动切断故障部分电源的保护措施，主要用于防止间接接触触电和直接接触触电。常用于有金属外壳的移动式电气设备和手持式电动工具，安装在潮湿或强腐蚀等恶劣场所的电气设备，建筑施工工地的施工电气设备，临时性电气设备以及宾馆客房内的插座，触电危险性较大的民用建筑物内的插座，游泳池或浴池类的水中照明设备；漏电保护装置也用于防止漏电火灾和监测一相接地故障。

三、触电事故的预防措施

(1) 人手潮湿不能接触带电设备和电源线。

(2) 各种电气设备的外壳应按规定接上地线。

(3) 开关要装在火线上，否则开关切断通路后，电气设备仍带电，仍有触电的危险。

(4) 更换熔断丝应切断电源，并根据电路中的电流大小选用规格合适的熔断丝。

(5) 根据电流大小，正确选用电线。室内线路不可用裸线和绝缘包皮损坏的线，照明线路必须采用绝缘电线，输电线路必须采用皮线或塑料硬线。

(6) 在通电的电气设备上，若外面无绝缘隔离或绝缘已损坏，人体不要直接与通电设备接触。

(7) 若电气设备发生火灾，应立即断开电源并用干粉或四氯化碳灭火器灭火，切不可用水和泡沫灭火器去扑救。

(8) 定期检查电气设备、电气保护设施，发现升温过高或绝缘下降，应及时查明原因并处理，确保绝缘状态良好。

(9) 发现架空电力线断落在地面上，人体要远离电线落地点 8 ~ 10m，并留专人看守，迅速组织抢修。

(10) 在用电设备操作和抢修时，一定要严格执行操作规程，并做到有人监护。

四、安全色、安全线和安全标志

《中华人民共和国安全生产法》第二十八条规定，生产经营单位应当在较大危险因素的生产经营场所和有关设施、设备上，设置明显的安全警示标志。

有较大危险因素的生产经营场所和有关设施、设备是指物质的危险性较大，储存的数量较大，工艺条件特殊，一旦发生安全事故，将会造成较大的经济损失，较严重的人员伤亡。明显标志是指提醒人们注意的各种图示标牌、文字标语、声光电的信号等。

1. 安全色

安全色是用以表达禁止、警告、指令、指示等安全信息含义的颜色，我国规定的安全色为红、黄、蓝、绿四种颜色，其含义和用途为：

(1) 红色，使人在心理上产生兴奋感和醒目感，红色传递禁止、停止、危险或提示消防设备、设施的信息。凡是禁止、停止、消防和有危险的器件或环境均应涂以红色的标记作为警示信号。

(2) 蓝色，和白色配合使用效果较好，蓝色传递必须遵守规定的指令性信息。

(3) 黄色，和黑色相间组成的条纹是视认性最高的色彩，黄色传递注意、警告的信息。

(4) 绿色，使人感到舒畅、平静和安全感，绿色传递安全的提示性信息。

2. 对比色

对比色是使安全色更加醒目的反衬色，包括黑、白两种颜色；黑色用于安全标志的文字、图形符号和警告标志的几何边框和公共信息标志。白色用于安全标志中红、蓝、绿的背景色，也可用于安全标志的文字和图形符号。

安全色与对比色的相间条纹为等宽条纹，倾斜约45°；黄色安全色的对比色为黑色；红、蓝、绿安全色的对比色均为白色；而黑、白两色互为对比色。

红色与白色相间条纹表示禁止或提示消防设备、设施位置的安全标记，表示禁止人们进入危险的环境；黄色与黑色相间条纹表示危险位置的安全标记，表示提示人们特别注意的意思；蓝色与白色相间条纹表示指令的安全标记，表示必须遵守规定的信息；绿色与白色相间条纹表示安全环境的安全标记，与提示标志牌同时使用，更为醒目地提示人们。

3. 安全线

工矿企业中用以划分安全区域与危险区域的分界线；厂房内安全通道的标示线，铁路站台上的安全线都是属于此列。

根据国家有关规定，安全线用白色，宽度不小于60mm；在生产过程中，有了安全线的标示，就能区分安全区域和危险区域，有利于人们对危险区域的认识和判断。

4. 安全标志

安全标志是由安全色、几何图形和图形符号三部分构成，用以表达特定的安全信息。安全标志的作用是引起人们对不安全因素的注意，防止事故发生，但不能代替安全操作规程和防护措施。

安全标志分为禁止标志、警告标志、指令标志、提示标志四大类。

1）禁止标志

禁止标志是禁止人们不安全行为的图形标志。其基本形式为带斜杠的圆形框，圆环和斜杠为红色，图形符号为黑色，衬底为白色。禁止标志图形共 40 种，如图 9.4 所示。

禁止转动

禁止合闸

禁止烟火

禁止攀登

图 9.4　禁止标志图例

2）警告标志

警告标志用来提醒人们对周围环境引起注意，以避免可能发生危险的图形标志。其基本形式是正三角形边框，三角形边框及图形为黑色，衬底为黄色。警示标志图形共 39 种，如图 9.5 所示。

注意安全

当心坠落

当心触电

当心机械伤人

图 9.5　警告标志图例

3）指令标志

指令标志是强制人们必须做出某种动作或采用防范措施的图形标志。其基本形式是圆形边框，图形符号为白色，衬底为蓝色。指令标志图形共 16 种，如图 9.6 所示。

必须戴安全帽

必须系安全带

必须穿防护鞋

必须戴防护眼镜

图 9.6　指令标志图例

4）提示标志

提示标志是向人们提供某种信息的图形符号。其基本形式是正方形边框，图形符号为白色，衬底为绿色。提示标志图形共 8 种，如图 9.7 所示。

紧急出口

可动火区

避险区

图 9.7　提示标志图例

第五节　现场急救知识

现场急救是指作业人员因意外事故或急症在未获得医疗救助之前，在现场所采取的一系列急救措施。目的是防止病情、伤情恶化，维持、抢救病员生命，为医疗单位进一步抢救打基础；防治并发症和后遗症，降低致残率和死亡率。

一、心肺脑复苏术

心肺复苏技术（Cardio Pulmonary Resuscitation，CPR）是用于呼吸心跳突然停止、意识丧失病人的一种现场急救方法。通过人工呼吸和胸外心脏按压来向患（伤）者提供最低限度的脑供血。

心肺脑复苏的目的是防止突然、意外的死亡，而不是延长已无意义的生命。故适用于由急性心肌梗塞、脑卒中、严重创伤、电击伤、溺水、挤压伤、踩踏伤、中毒等多种原因引起的呼吸、心跳骤停的伤病员。

脑细胞是神经系统最主要的细胞，其耐氧性最差。在常温下，心跳、呼吸骤停的病人 4 ～ 6min 脑细胞就发生损伤，10min 后脑细胞开始迅速死亡，所以必须在心跳、呼吸骤停 4 ～ 6min 内进行有效的 CPR。复苏开始越早，存活率越高。临床实践证明，4min 内进行 CPR 者约有一半人被救活；4 ～ 6min 开始 CPR 者，仅 40% 可被救活；超过 6min 开始 CPR 者存活率仅 20%；而超过 10min 开始 CPR 者的存活率几乎为 0。

由此可见，现场急救是争取救人的最佳时间，比医院救护更重要。

1. 现场心肺脑复苏术的步骤

（1）判断患者有无意识、呼救。

（2）放置适宜体位（仰卧），畅通呼吸道（清理口腔异物，打开呼吸道）。

（3）判断患者有无呼吸。

(4) 无呼吸时，施人工呼吸。

(5) 判断患者有无心脏跳动。

(6) 无心跳时，立即实施胸外心脏按压。

2. 现场心肺脑复苏术的操作方法

1）判断患者有无意识，呼救

轻轻摇动患者肩部，高声呼喊："喂！你怎么啦？"如无反应，表明患者意识已经丧失；此时应大声呼救："来人啊！救命"，招呼周围的人前来协助抢救。

2）放置适宜体位，畅通呼吸道

正确的抢救体位是仰卧位，头、颈、躯干平卧无扭曲，双手放于两侧躯干旁；如患者俯面，则必须将患者的头、肩、躯干作为一个整体同时翻转而不使其扭曲，对颈部受伤者须特别注意托颈翻转。如图 9.8 所示为翻转患者身体，如图 9.9 所示为患者仰卧姿势。

图 9.8　翻转患者身体图

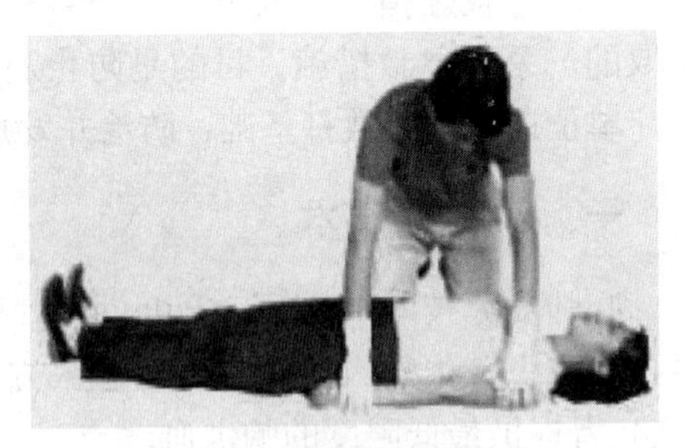

图 9.9　患者仰卧位置

畅通呼吸道包括清理口腔异物和打开呼吸道，常采用压头抬颏法打开呼吸道，如图 9.10 所示为压头抬颏法。注意，头后仰程度为下颌、耳廓的连线与地面垂直；抬颏时，防止用力过大，压迫气道。

对疑似颈外伤者应采用托颌法，如图 9.11 所示为托颌法。

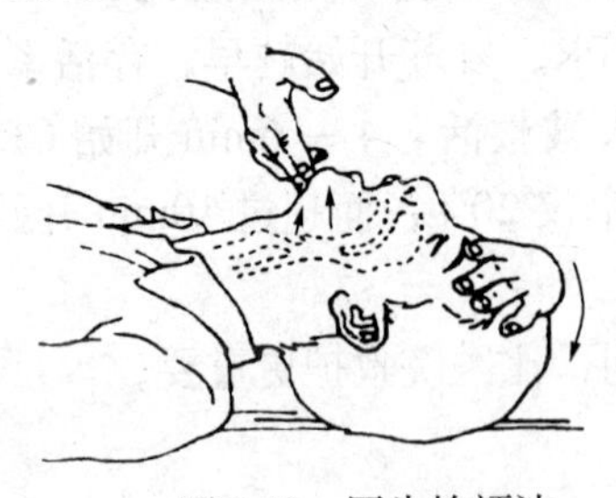

图 9.10　压头抬颏法

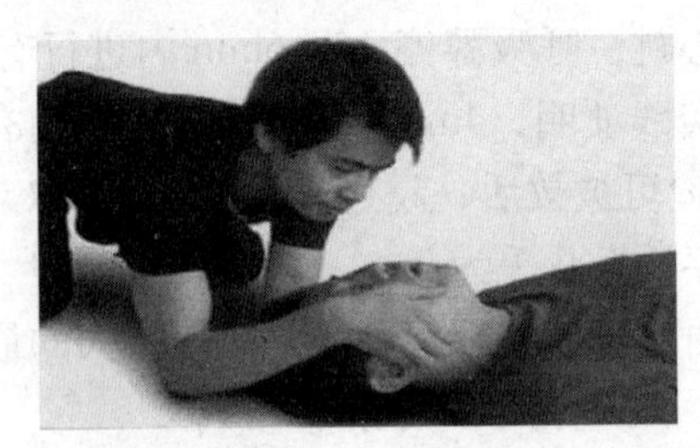

图 9.11　托颌法

3）判断患者有无呼吸

当确定气道已处于开放状态下，即用耳贴近病人口鼻，头部侧向病人胸部，以眼观察病人的胸部有无起伏；以面部感觉病人的呼吸道有无气流排出；以耳听病人的呼吸道有无气流通过的声音。如果胸部无起伏，也无感觉及听不到气流呼出则可判定患者已无呼吸。如图 9.12 所示为判断患者有无呼吸。

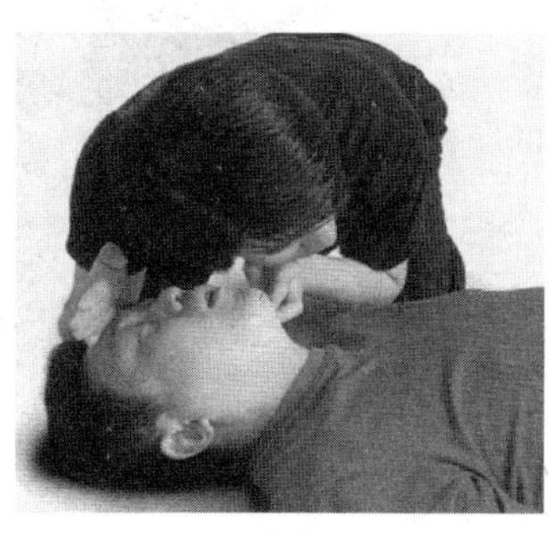

图 9.12　判断患者有无呼吸

4）进行人工呼吸

患者没有呼吸时，应立即进行人工呼吸。人工呼吸的方法有：口对口人工呼吸、口对鼻人工呼吸、口对口鼻人工呼吸。

口对口人工呼吸方法适用于患者呼吸道通畅，口部张开的状态下进行，如图 9.13 所示为口对口人工吹气。

口对鼻人工呼吸法适用于牙关紧闭或口腔有严重损伤的患者，如图 9.14 所示为口对鼻吹气。注意，鼻腔通气不良、鼻损伤和鼻腔出血者不能用此方法。

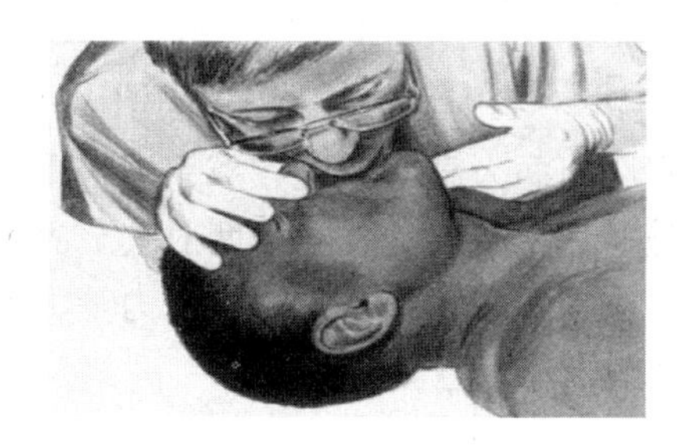

图 9.13　口对口吹气

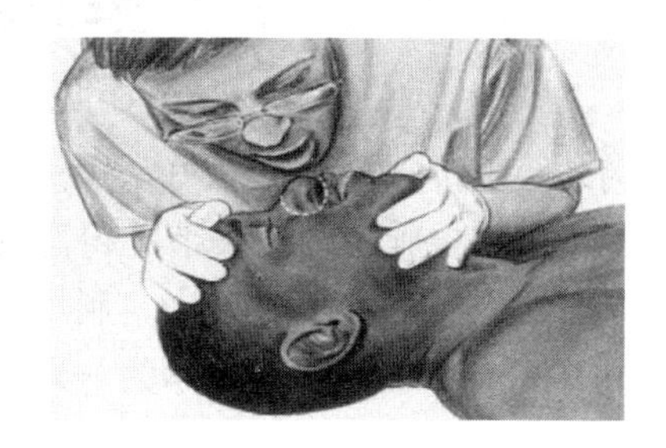

图 9.14　口对鼻吹气

口对口鼻人工呼吸法主要适用于抢救婴幼儿，仅用两腮的气力吹气。如图 9.15 所示为口对口鼻吹气。

5）判断患者有无心脏跳动

判断心脏停止跳动的最有效方法就是检查患者颈动脉：一手置于病人前额，使头部保持后仰，使气道开放；另一手在靠近抢救者一侧用食指及中指尖先触及气管正中的喉结，然后向旁滑移 2 ~ 3cm，在气管旁软组织处触摸颈动脉搏动（应在 10s 内完成）。如果触摸不到病人的颈动脉搏动，而病人又无意识，就可以判定心跳已停止，立即进行胸外按压。如图 9.16 所示为检查患者有无脉搏。

6）无心跳时，立即实施胸外心脏按压

按压部位：胸骨下部 1/3 处，定位要准确，如图 9.17 所示；按压深度：成人胸骨下陷 3 ~ 5cm，儿童胸骨下陷 2.5 ~ 4cm，婴儿胸骨下陷 1.5 ~ 2.5 厘米；按压频率：100 次 /min（18s 完成 30 次按压），按压和放松时间各占 50%。

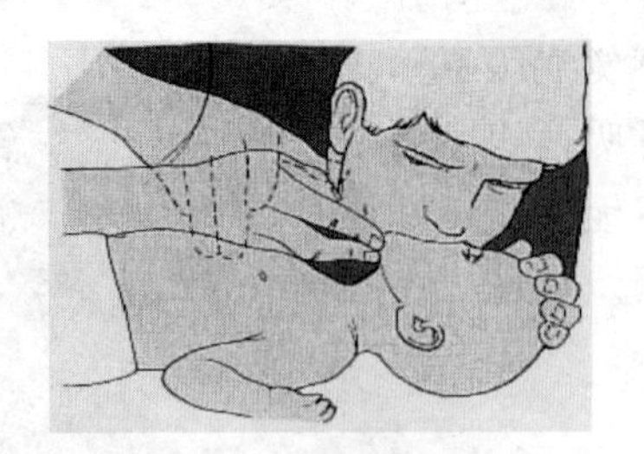

图 9.15　口对口鼻吹气

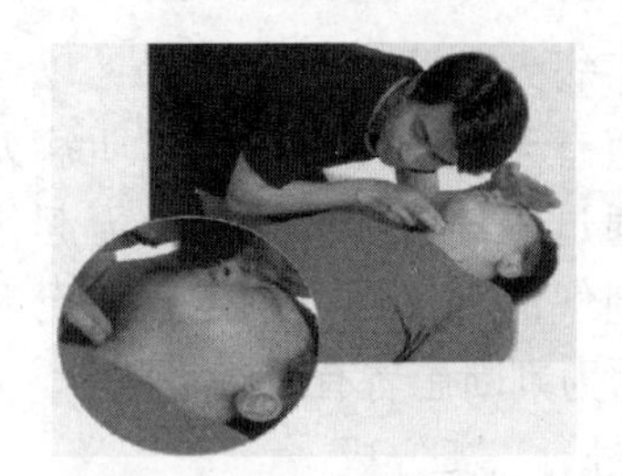

图 9.16　检查患者有无脉搏

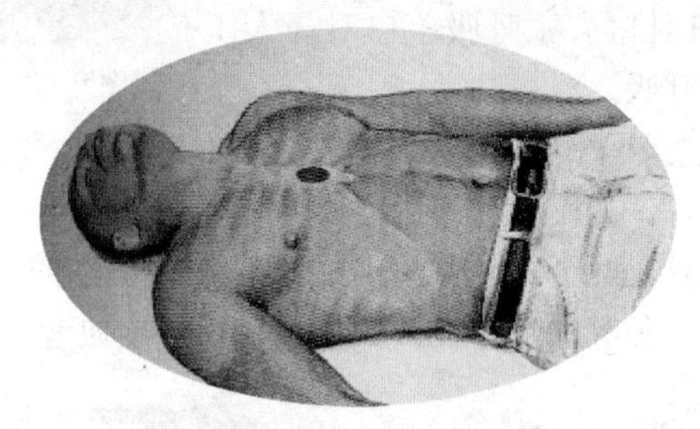

图 9.17　按压部位

胸外心脏按压要领：最好采用跪姿，双膝与病人肩部齐平；双手掌根重叠于胸骨上，以掌根施力，肘关节不得弯曲；抢救者的双臂应绷直，两肘关节固定不动，双肩在患者胸骨上方正中，利用上半身体重量和肩、臂部的肌肉力量，垂直向下用力按压。如图 9.18 所示为胸外心脏按压操作示意图。

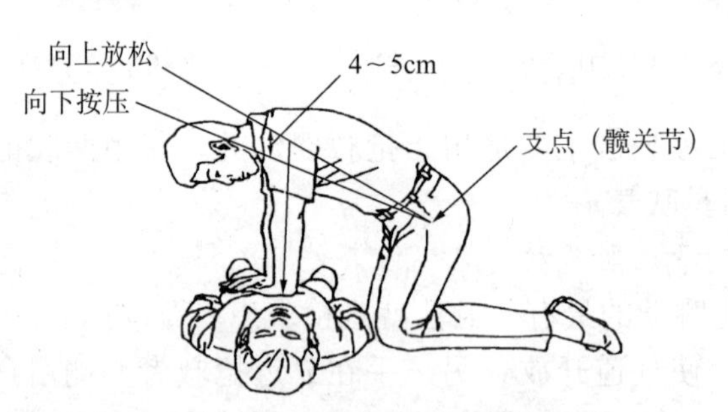

图 9.18　胸外心脏按压操作示意图

无论单人还是双人操作，胸外心脏按压与人工呼吸比例都是 30 ∶ 2。单人操作心肺脑复苏，每做 30 次胸外心脏按压，需做口对口人工吹气 2 次，然后再在胸部重新定位按压，如此反复进行，不能间断；双人操作心肺脑复苏，一人进行胸外心脏按压 30 次，另一人进行口对口人工吹气 2 次，两人必须配合协调，吹气必须在胸外心脏按压的松弛时间内完成，而按压必须紧接于吹气完成后，连续进行下去，直到成功。

二、现场止血急救技术

1. 止血方法

1）指压止血法

用手指压迫出血的血管上部（近心端），用力压向骨方，以达到止血目的。此法适用于头部、颈部和四肢外伤出血，是临时止血的措施。

2）加压包扎止血法

用消毒的纱布、棉花做成软垫放在伤口上，再用绷带、三角巾包扎，松紧度以达到止血为宜。此法多用于静脉出血和毛细血管出血，也适用于上下肢、肘、膝等部位的动脉出血，但有骨折或可疑骨折或关节脱位时，不宜使用此法。

3）屈肢加垫止血法

当前臂或小腿出血时，可在肘窝、膝窝内放以纱布垫、棉花团或毛巾、衣服等物品，屈曲关节，用三角巾、绷带或领带等作 8 字形固定；但有骨折、骨裂或关节脱位者不能使用。

4）绞紧止血法

用三角巾折成带状或用布条作止血带，在肢体出血点上方绕患肢打一个活结，活结朝上，避开中段，取一根小棒或代用物穿在带形外侧绞紧，绞棒的另一端插在活结小圈内固定。

5）止血带止血法

止血带止血法是快速有效的止血方法，但它只适用于不能用加压止血的四肢大动脉出血。方法是用橡皮管或布条缠绕伤口上方肌肉多的部位，其松紧度以摸不到远端动脉的搏动、伤口刚好止血为宜，过松无止血作用，过紧会影响血液循环，易损伤神经，造成肢体坏死。上止血带的患者，必须在明显的部位标明上止血带的位置和时间，时间超过 2h，每隔 1h 放松一次，每次 8min，为避免大量出血放松期间可改用指压法临时止血。

常用的止血带是长 1m 左右的橡皮管，方法是掌心向上，止血带一端由虎口拿住，留出五寸，一手拉紧，绕肢体一圈半，中、食两指将止血带末端夹住，顺着肢体用力拉下，压住余头，以免滑脱。

2. 止血包扎注意事项

（1）包扎应迅速准确、小心谨慎，不要触及伤口，接触伤口的敷料必须无菌。

（2）包扎时注意松紧适宜。

（3）包扎四肢时，指（趾）应暴露在外，以便观察末梢血运。

（4）包扎时要使病人的体位舒适，包扎肢体处于功能位。

（5）根据包扎部位，选用适宜的包扎材料。三角巾包扎时，边要固定，角要拉紧，中心伸展，包扎要贴实，打结要牢固，避开伤口、骨突处和易于受压的部位。

(6) 包扎方向为自下而上、由左向右、从远心端向近心端包扎，以利静脉回流。

(7) 异物刺入体内切忌拔出，用棉垫等物将异物固定再包扎。

(8) 内脏外露的伤口，注意不可将内脏送回腹腔。

三、常见伤害的急救

1. 触电急救

(1) 立即使伤者脱离电源，立即关闭电源开关、用绝缘物品挑开电线等。

(2) 轻型触电者应就地观察并休息 1 ~ 2h，以减轻心脏负担，促进恢复。

(3) 重型触电者脱离电源后根据病情立即进行心肺复苏等抢救措施，同时转入医院进一步处理。

(4) 局部烧伤创面及局部出血予以及时处理；处理电击伤入口与出口处，先用碘伏纱布覆盖包扎，然后按烧伤处理。

2. 中毒急救

(1) 有害气体中毒者：立即脱离现场移至空气新鲜、通风良好处，松解衣扣，清除口鼻分泌物，保持呼吸道通畅，静卧，注意保暖；发现呼吸心跳骤停，立即行心肺复苏；严重者立即送往医院抢救。

(2) 对皮肤黏膜接触性中毒者：马上离开毒源，脱去污染衣物，用清水冲洗体表、毛发、甲缝等。

(3) 如眼睛污染，用温水由眼内往眼外冲洗 15 ~ 20min。

(4) 食物中毒者用催吐、洗胃、导泻等方法排除毒物。

(5) 服保护剂（米汤、鸡蛋清、豆浆、牛奶、面糊等）保护胃黏膜。

四、急救禁忌

(1) 急性腹痛忌用止痛药，以免掩盖病情，延误诊断。

(2) 昏迷病人忌仰卧，应侧卧，防止口腔分泌物、呕吐物吸入呼吸道引起窒息，不能给昏迷病人进食水。

(3) 心源性哮喘病人忌平卧，平卧会增加肺脏瘀血及心脏负担，应取半卧位使下肢下垂。

(4) 脑出血病人忌随意搬动，搬动会使出血加重，应平卧，抬高头部，即刻送往医院。

(5) 腹泻病人忌乱服止泻药，在未消炎之前乱用止泻药，会使毒素难以排出，肠道炎症加剧。

（6）小而深的伤口忌马虎包扎，马虎包扎会使伤口缺氧，致厌氧菌生长，应清创消毒后再包扎，并注射破伤风抗毒素。

复习思考题

1. HSE 管理的七个一级要素是什么？
2. HSE 管理体系是按照什么样的运行模式来建立的？
3. HSE《作业指导书》和《作业计划书》的区别与联系有哪些？
4. HSE 管理原则有哪些？
5. 什么是燃烧？燃烧有几种类型？
6. 物质燃烧需要具备的三个条件是什么？
7. 煤层气火灾的特点是什么？
8. 什么是爆炸？什么是爆炸浓度极限？影响爆炸极限的因素有哪些？
9. 输气管路采取哪些措施才能保证不发生爆燃？
10. 火灾可分为哪几类？灭火的基本方法有哪几种？
11. 干粉灭火剂主要适用于扑救哪些物质的火灾？说出干粉灭火器的使用操作步骤？
12. 泡沫灭火器主要用于扑救哪些火灾？不能扑救什么火灾？
13. 引起煤层气火灾、爆炸的原因及预防措施有哪些？
14. 硫化氢进入人体的途径及对人体的危害有哪些？
15. 预防硫化氢中毒的措施有哪些？
16. 什么是电击？什么是电伤？电伤有哪些现象？
17. 触电事故的预防措施有哪些？
18. 国家标准规定工频交流电安全电压有效值有哪些？
19. 什么是直接接触触电？什么是间接接触触电？其预防措施有哪些？
20. 安全标志分为哪几类？各类标志的含义是什么？
21. 胸外心脏按压要领是什么？
22. 心肺复苏急救的一般步骤有哪些？
23. 现场止血的方法有哪些？急救禁忌有哪些？

参 考 文 献

[1] 苏现波，林晓英．煤层气地质学．北京：煤炭工业出版社，2008

[2] 王红岩，刘洪林．煤层气富集成藏规律．北京：石油工业出版社，2005

[3] 孙茂远，等．煤层气开发利用手册．北京：石油工业出版社，1998

[4] 崔凯华，郑洪涛．煤层气开采．北京：石油工业出版社，2009

[5] 郑社教．石油 HSE 管理教程．北京：石油工业出版社，2008

[6] 张永红等．天然气流量计量．北京：石油工业出版社，2001

[7] 吴苏江．HSE 风险管理理论与实践．北京：石油工业出版社，2009

[8] 杨丽萍．油田常用压缩机．北京：石油工业出版社，2011

[9] 张怀文，程维恒．煤层气开采工艺技术．新疆石油科技，2010（4）

[10] 杜严飞，吴财芳，等．煤层气排采过程中煤储层压力传播规律研究．煤炭工程，2011（7）

[11] 张娜，喻高明，等．煤层气开采技术综述．内蒙古石油化工，2007（5）

[12] 朱志敏，沈冰，等．煤层气开发利用现状及发展方向．矿产综合利用，2006（6）

[13] 张亚蒲，杨正明，等．煤层气增产技术．特种油气藏，2006（1）

[14] 冯勤科．韩城矿区煤层气开发潜力评价．中国煤田地质，2002（4）

[15] 李振群，等．在线清管法防腐．国外油田工程，2003（7）

[16] 李元生，等．实用电工学．北京：机械工业出版社，2005

[17] 洪雪燕，林建军，王富永，等．安全用电．北京：中国电力出版社，2008

[18] 徐厚生，赵双其，等．防火防爆．北京：化学工业出版社，2004